LIABILITY SUPERIOR TO ABILITY

责任胜于能力

职场上的最佳竞争力 直击人心的成功法则

张艳玲◎改编

民主与建设出版社

·北京·

图书在版编目（CIP）数据

责任胜于能力 / 张艳玲改编．—北京：民主与建设出版社，2015.9（2021.4 重印）

ISBN 978-7-5139-0751-4

Ⅰ．①责… Ⅱ．①张… Ⅲ．①责任感—通俗读物Ⅳ．① B822.9-49

中国版本图书馆 CIP 数据核字（2015）第 210153 号

责任胜于能力

ZEREN SHENGYU NENGLI

改　　编　张艳玲
责任编辑　王　倩
封面设计　天下书装
出版发行　民主与建设出版社有限责任公司
电　　话　（010）59417747　59419778
社　　址　北京市海淀区西三环中路 10 号望海楼 E 座 7 层
邮　　编　100142
印　　刷　三河市同力彩印有限公司
版　　次　2016 年 1 月第 1 版
印　　次　2021 年 4 月第 2 次印刷
开　　本　710 毫米 ×944 毫米　1/16
印　　张　13
字　　数　130 千字
书　　号　ISBN 978-7-5139-0751-4
定　　价　45.00 元

前言 PREFACE

中国有句古话："天下兴亡，匹夫有责。"从某种意义上来讲，责任是一种与生俱来的使命，而承担责任的大小也就决定了一个人人生意义的大小。只有担负起足够大的责任，才能激发出我们内在的巨大潜力，使我们的人生焕发出绚丽的光彩。

在生活中，无论地位高低，收入多少，高度的责任感都是必须具备的一种心态，这是人生的原则。当责任感成了一个人的生活态度，那么这个人就会与"优秀"或"成功"连在一起。如果一个人满足于自己的现状，那么这个人将如一潭死水，停滞不前。一个对别人负责的人，才是真正对自己负责的人。一个不负责任的人，即使拥有超强的能力，也不会取得最终的成功。

在学习中，人们不但要完成自己分内的事情，而且要主动去做那些应该做的事情。一旦具备了这样的意识，我们就会油然而生一种崇高的使命感和归属感，就能认真负责地专注于自己的工作，从中领悟到更多的东西，比以前做得更出色。

中国海尔集团总裁张瑞敏曾经说过："所有的产品都应该是精品，有缺陷的产品等于是废品。"正因为如此，海尔的员工严格要求自己，1%的误差造成的是100%的问题，也正是海尔人这种高度负责的精神，创造了海尔产品“零缺陷”的神话。

所谓“己欲立而立人，己欲达而达人。”责任感是一种不平凡的心态，它可以将员工与公司的命运紧密联系在一起，一荣俱荣，一损俱损。

一个具有高度责任感，积极为公司发展献计献策的员工，必定会得到领导的赏识。反之，如果对工作不能做到尽职尽责，遇事推卸责任，这往往是能力不佳的表现。其实很多事情，有些人不是不会做，也不是无计可施，只是不想对做事的结果负责。

比尔·盖茨曾说过：“如果你有很强的责任感，能够接受别人不愿意接受的工作，并且从中体会出辛劳和乐趣，那你就能够克服困难，达到他人所无法达到的境界，并得到应有的回报。”如果我们渴望享受成功，就必须愿意承担随之而来的压力和责任。要记住，有时候，责任比能力更重要。

目　录

第三章 提升责任能力的九个钥匙

第四章 勇于承担,绝不抱怨

第五章 责任改变人生

第八章　把责任贯彻到底

第一章

人生的基石

一位哲人曾说过："当我们竭尽全力，尽职尽责时，不管结果如何，我们都赢了。因为这个过程带给我们满足，使我们成为赢家。"人生永远意味着责任，肩负起自己的责任吧！因为责任意识会让我们表现得更卓越！只有承担责任的生命，才叫真正的生命！

01 神奇的奥芝法则

童话《绿野仙踪》讲述了这样一个故事：桃乐丝、狮子、机器人、稻草人沿着黄砖道前往翡翠城找寻奥芝大法师，希望从他那里获得解决难题和达成愿望所需要的勇气、决心和智慧等。奥芝大法师只告诉他们一个简单的法则："达成所欲目标的力量，其实就在自己身上。"也就是说，每个人本身都有力量来解决难题，法师是帮不了什么忙的。这就是能为自己开启新生命的奥芝法则。

正视现实，解决问题，着手完成和达到目的，这都需要勇气、方法、决心、智慧和诀窍。而这些能力其实就藏在我们身上，它需要我们不断地努力，来挖掘自己身上的能力。

那么，怎样才能挖掘潜藏在我们身上的能力呢？那就是树立责任感。所有成功的人，都有一个共同的品质——责任感。聪明、才智、学识、机缘等因素是促成一个人成功的必要因素，但假如缺乏责任感，他也还是不会成功的。我们相信，一个人即使聪明才智差一点，但假如他肯对工作负责，成功的机会就必定会比只有聪明才智而无责任感的人要多。

一旦树立了这样的想法，之前认为低俗的工作就开始变得有意思起来，越是认真负责地专注于自己的工作，从中学到的东西和完成的东西也就越多。一个人的责任感不一定要由大事去衡量，平常的小事也可以表现出他的忠诚与责任。在工作中，无论多么小的事，你能做得比任何人都好，就说明你已经将责任感深植于自己的内心了。

要想将责任感根植于自己的内心深处，让它成为我们脑海中的强烈意识，我们就必须为自己树立一个远大的目标。在日常工作中，这种远大的目标，会调动我们的主观积极性，这样，就会让我们在工作和生活之中赢得别人的尊敬,进而受到重用,从而实现个人的价值。

有一个替兰斯太太割草打工的青年打电话给兰斯太太说:“你需不需要割草?”兰斯太太回答说:“不需要,我已有了割草工。”青年又说:“我会帮您拔掉草丛中的杂草。”兰斯太太回答:“我的割草工已做了。”青年又说:“我会帮您把草与走道的四周割齐。”兰斯太太说:“我请的那个青年已经帮我做了,谢谢你,我不需要新的割草工人。”青年便挂了电话。此时,青年的伙伴问他:“你不就在兰斯太太家割草打工吗?为什么还要打这个电话?”青年说:“我只是想知道自己做得好不好!”

多问自己一下:“我究竟做得好不好?”这就是责任意识。

有一天,一个小伙子向一位著名的作家自荐,想做他的抄写员。看起来,这个小伙子对抄写工作是能完全胜任的,条件谈妥之后,这名作家就让那个小伙子坐下来开始工作。但是,那个小伙子却看了看自己手腕上的表,心急火燎地对他说:“我现在不能待在这里,我要去吃饭。”那位作家说:“噢,你必须去吃饭,你必须去!你就为了你今天等着去吃的那顿饭祈祷吧,我们两个永远都不可能在一起工作了。”

那位小伙子曾对作家说过，他因为找不到工作，得不到别人的雇佣而感到特别沮丧。但是，当他的工作有了一点点眉目的时候，却只想着提前去吃饭，而把自己说过的话和应承担的责任忘得一干二净。

千万不要忘了自己的责任。对于自以为是而忘记了自己责任的人，巴顿将军说："自以为是而忘了自己责任的人，一文不值，遇到这种军官，我会马上调换他的职务。一个人一旦自以为是，就会远离前线作战，这是一种地道的胆小鬼的表现。唯有负责任的人，才会为自己所从事的事业心甘情愿地献身！"

工作就意味着责任。在这个世界上，没有不需要承担责任的工作。相反，一个人的职位越高，权力越大，他所肩负的责任也就越重。不要害怕承担责任，要下定决心，勇于承担起自己工作中的责任。这样，我们才会有勇气排除万难，甚至可以把不可能完成的工作任务完成得非常出色。

安德鲁·卡耐基说："有两种人绝对不会成功：一种是除非别人要他做，否则，绝不会主动负责做事的人。另外一种则是别人即使让他做，他也做不好的人。那些不需要别人催促，就会主动负责做事的人，如果不半途而废，他们将会成功。"

每一位员工在工作之中都应该主动负责地做事。这样，才能够不断挖掘出自身潜力，逐渐实现自己内心想要达到的目的。

成功的力量就潜藏在我们自己的身体内，寻求法师的帮助是徒劳无功的。神奇的奥芝法则告诉我们一个真实的道理，那就是：在充满荆棘的人生道路上，不应该只顾舔舐伤口，而要勇于负责、面对现实、凝聚力量。这样，我们的未来才会更加灿烂、光明。

02 把工作当做神圣的使命

已故的弗里德利·威尔森,曾经是纽约中央铁路公司的总裁。有一次,在访问中,被问到如何才能使事业成功,他说:“一个人,不论是在挖土,或者是在经营大公司,他都会认为自己的工作是一项神圣的使命,不论工作条件有多么困难,或需要多么艰难的训练,始终用积极负责的态度去进行。只要抱着这种态度,任何人都会成功,也一定能达到目的,实现目标。”

1. 不要敷衍自己的工作

什么事情总是敷衍了事,不精益求精;在工作过程中推诿塞责,画地自封,不思反省;懒散、消极、抱怨、怀疑;以种种借口来遮掩自己的失误。事实上,这些都是对自己极不负责任的表现。

对于一个企业来说,拥有优秀的员工,企业的发展才能蒸蒸日上。如果公司内有太多的“糊弄员工”而不及时剔除的话,那么就会像一个烂苹果迅速使箱子里的其他苹果也腐烂掉一样,他们也会使企业慢慢腐蚀掉。

米勒很不满意自己的工作,他愤愤地对朋友说:“我在公司里的工资是最低的。并且,老板也不把我放在眼里,如果再这样下去,我就辞职不干了。”

“你对公司的贸易情况熟悉吗?对于他们所做的电器贸易的窍门完全弄清了吗?”他的朋友问他。

“没有,我懒得去钻研那些东西。”米勒漫不经心地回答他的朋友。

“我建议你先静下心来,抱着积极的态度,认认真真地对待自己的工作,好好地把他们的贸易技巧、商业文书和公司组织完全搞通,甚至包括签订合同都弄懂了之后再作决定,这样,你可能会有许多收获。”

米勒听从了朋友的建议，一改往日散漫的习惯，开始积极地投入到工作之中，还常常下班后，在办公室里研究商业文书的写法。

半年后，他和那位朋友又聚到了一起。“你现在大概都学会了，是不是又准备推桌子不干了？”那位朋友问他。

“可是，这几个月来，老板对我刮目相看。最近，更是委以重任，又升职又加薪，我都快成了公司里的红人了。”米勒对他的朋友说。

“这种情况，我早就料到了。”他的朋友笑着说：“当初你的老板不重视你，是因为你在工作中自由散漫，敷衍了事，又不努力学习。现在，你工作态度这么积极，担当的任务多了，能力也强了，当然会令他刮目相看了。”工作就像一面镜子，你怎样对待它，它就怎样对待你。

2. 不要轻视每一项工作

对工作的态度将决定工作的质量，工作的质量又将决定我们自己的前途。尊重工作，就是尊重自己。

一些人只知道享受好的工作环境，要高薪、坐高位，却抱着消极的态度对待自己的工作，轻视自己的工作。这种人无论对自己还是对公司而言都是失去价值的人。

美国前教育部长威廉·贝内特曾说：“工作是需要我们用生命去做的事。对于工作，我们又怎能去懈怠它、轻视它、践踏它呢？我们需要尽职尽责地去把它们做好。”所以说，无论我们的工作性质是什么，只要能以诚实的劳动创造出价值，就没有人会轻视我们的价值，贬低我们的价值。

亨利和阿尔伯特是同班同学，两个人大学毕业后，恰逢英国经济动荡，都找不到适合自己的工作，便降低了要求，到一家工厂去应聘。恰好这家工厂缺少两个打扫卫生的职员，问他们愿不愿意干。亨利略一思索，便下定决心干这份工作，因为他不愿意依靠领取社会救济金生活。

尽管阿尔伯特根本看不起这份工作，但他还是愿意留下来陪亨利一块儿干一阵子。他上班懒懒散散，每天打扫卫生时敷衍了事。一次，两次，三次……老板认为他刚从学校毕业，缺乏锻炼，再加上恰逢经济动荡，

也同情这两个大学生的遭遇，便原谅了他。然而，阿尔伯特从内心深处就对这份工作抱着很强烈的抵触情绪，每天都在应付自己的工作。结果，刚干满了三个月，他便彻底断绝了继续干这份工作的念头，辞了职，又回到社会上重新开始找工作。当时，社会上到处都在裁员，哪儿有适合他的工作呢？于是他只能依靠社会救济金生活。

而亨利在工作中抛弃了自己作为大学生——高等学历拥有者的身份，完全把自己当作一名打扫卫生的清洁工，每天把办公走廊、车间、场地，都打扫得干干净净。半年后，老板便安排他给一些高级技工当学徒。因为工作积极，认真勤快，一年后，他成为一名技工。尽管如此，他依然抱着一种积极的态度，在工作中不断进取、认真负责。两年后，经济动荡的局面稍稍稳定后，他便成了老板的助理。而阿尔伯特此时才刚刚找到一份工作，在一家工厂当学徒。但是，他认为自己是高等学历拥有者，应该属于白领阶层。结果，在自己的工作岗位上，仍然把活干得一塌糊涂，终于在某一天又回到街头，继续寻找工作。

任何时候，我们都不能放弃肩上的责任，不管从事什么工作，我们都需要尽职尽责。

3. 抱着积极的态度工作，才能够看到事物的本质积极思考能使一个懦夫成为英雄,从心志柔弱变得意志坚强,从软弱、消极、优柔寡断的人变成一个积极向上的人。

如果你是一名图书管理员,经过辛勤的劳动,在整理书籍的过程中,便会感觉到自己每一天都在获取一些知识,取得一定的进步。如果你是一位学校的老师,每天怀着一种积极的心态备课、教书,就会从按部就班的教学工作中,感受到园丁浇灌花蕾的快乐。有了这种心态,你在工作的过程中,就会变得非常有耐心,所有的烦恼也都会抛到九霄云外。

我们的生活和工作并非只是一种无奈,而是可以由自身主观努力去把握和调控的,人生的方向是由态度来决定的,其好坏足以明确我们构筑的人生优势。如果我们从工作的内部去细心观察,积极地工作,就能够看到蕴藏在事物深处的本质。有些工作,如果仅从表面现象看,也许会索然无味,甚至令人厌倦,但当我们深入其中,就能认识到隐藏于它深处的内涵。

在法国巴黎的卢浮宫,收藏着著名印象派画家莫奈的一幅画,画面描绘的是女修道院里厨房的情景。其中,工作在厨房里的是一群天使:一个正架着水壶烧水,一个正优雅地提起水桶,另外一个则穿着厨衣,伸手去拿盘子。

从画面上看,这些天使们正在做着生活中最平凡的工作。但是,他们都聚精会神、全神贯注地努力工作着。

歌德曾说过:“人之幸福在于心之幸福。”

4. 抱着积极的态度面对每一项工作,你才会取得进步

亨利·福特说:“我最喜欢积极工作的员工。因为他一积极起来,便会调动顾客的积极情绪,生意便做成了。”

如果我们能够以积极的心态去面对每一项工作,并且相信成功必将属于我们,那么,信心就会成就我们制定的所有明确的目标。这样,即使在平凡的工作岗位上,也会创造出不平凡的业绩。

许多人认为自己在公司里每天好像是依附在一台大的、没有人性的

机器上的齿轮。因为失去了积极的心态,认识不到自己工作的重要性。每天除了懒散地应付别人要他做的事情,也不想在工作中学习任何东西。结果,不但浪费了时间,耗费了精力,而且没有取得任何进步,还把工作搞得一塌糊涂。这是一种对自己和他人不负责任的表现。

一位哲学家说过:“不论你手边有多少工作,都要尽心尽力地去做。这样,你每天才会取得一定的进步。”

无论是知识精英,还是平民百姓,都不应该对自己的工作持有消极态度。如果有谁认为自己的工作是卑贱的,他们的工作便会每天落后别人一点点,终有一天,会被别人彻底地抛在身后。

工作本身没有高低贵贱之分,但是对于工作的态度却有高低之别。所以,了解一个人的工作态度,就能了解这个人。只有以积极心态面对工作的人,才会取得进步。

03 对工作负责就是对自己负责

努力工作就是对自己负责,当你尝试着对自己的工作负责时,就会发现,自己还有很多的潜能没有发挥出来,你要比自己往常出色很多倍,你会在平凡单调的工作中发现很多的乐趣,最重要的是你的自信心还会得到提升,因为你能做得更好。

姚明曾经是 NBA 赛场上的英雄,身价上亿美元;白发斑斑的美国 Viacom 公司董事长萨默·莱德斯通神采奕奕,永远年轻,他所领导的公司在美国拥有很大的名气;事业有成的比尔·盖茨仍潜心凝神地工作,决意把微软的产品卖到全球每一个地方……在这里,他们的身份各异,或者是球星,或者是公司的董事长,但是仔细分析,他们的态度却有着惊人的相似:认真地对待工作,百分之百地投入工作,从来没有想过要投机取巧,从来不会耍小聪明。

这是因为，他们都遵循一个规则：工作就意味着责任，岗位就意味着任务。在这个世界上，没有不需承担责任的工作，也没有不需要完成任务的岗位。工作的底线就是尽职尽责。

你知道布莱德雷将军小时候的故事吗？

当时，一群男孩在公园里做游戏。在这个游戏的部署中，有人扮演将军，有人扮演上校，也有人扮演普通的士兵。有个“倒霉”的小男孩抽到了士兵的角色。他要接受所有长官的命令，而且要按照命令丝毫不差地完成任务。

“现在，我命令你去那个堡垒旁边站岗，没有我的命令不准离开。”扮演上校的亚历山大指着公园里的垃圾房神气地对小男孩说道。

“是的，长官。”小男孩快速、清脆地答道。

接着，“长官”们离开现场。男孩来到垃圾房旁边，立正，站岗。

时间一分一秒地过去了，小男孩的双腿开始发酸，双手开始无力，天色也渐渐暗下来，却还不见“长官”来解除任务。

一个路人经过，说公园里已经没有人了，劝小男孩赶紧回家。可是倔强的小男孩不肯答应。

“不行，这是我的任务，我不能离开。”小男孩坚定地回答。

“好吧，”路人实在是拿这个倔强的小家伙没有办法，他摇了摇头，准备离开，“希望明天早上到公园散步的时候，还能见到你，到时我一定跟你说声‘早上好’。”他开玩笑地说道。

听完这句话，小男孩开始觉得事情有一些不对劲：也许小伙伴们真的回家了。于是，他向路人求助道：“其实，我很想知道我的长官现在在哪里。你能不能帮我找到他们，让他们来给我解除任务。”

路人答应了。过了一会儿，他带来了一个不太好的消息：公园里没有一个小孩子。更糟糕的是，再过十分钟这里就要关门了。

小男孩开始着急了。他很想离开，但是没有得到离开的准许。难道他要在公园里一直待到天亮吗？

正在这时，一位军官走了过来，他了解完情况后，脱去身上的大衣，亮出自己的军装和军衔。接着，他以上校的身份郑重地向小男孩下命令，让他结束任务，离开岗位。

军官对小男孩忠于职守的态度十分赞赏。回到家后，他告诉自己的夫人：“这个孩子长大以后一定是名出色的军人。他对工作岗位的责任意识让我震惊。”

军官的话一点没错。后来，小男孩果然成为一名赫赫有名的军队领袖——布莱德雷将军。

坚守岗位，完成任务，这就是我们所说的岗位责任。假如你是公司老板，在分派任务的时候，你会信任这样的人吗？在提升职位的时候，你会首先考虑他们吗？当然会！这样的人无疑是能够准确无误地完成任务的人。

我和企业界的一些朋友经常交流员工方面的一些看法，大部分时候都有这样的共识：企业需要的优秀员工，不是说他要有多么高的学历,多么丰富的经验,多么好的技术,而是他对工作是否具有认真负责的精神!

在任何一家公司,只要你努力工作,认真、负责地对待每一件事情,你就会受到尊重,从而获得更多的自尊心和自信心。不论你的工资多么低,不论你的老板多么不器重你,只要你能忠于职守,毫不吝惜地投入自己的经历和热情,渐渐地你会为自己的工作感到骄傲和自豪,也会赢得他人的尊重。以主人翁和胜利者的心态去对待工作,工作自然就能做得更好。

工作中我们随时随地都会看到一些糊弄工作的员工。他们在应付中生活,在应付中工作,做一天和尚撞一天钟,从不打算去认真、踏实地做好一件事,没有奋斗目标,没有成就感,终日恍恍惚惚,过着辛苦的生活。

尝试着对自己的工作负责,这是一种工作态度的改变,这种改变会让你重新发现生活的乐趣、工作的美妙。

对工作负责,就是对自己负责。你的尽心尽力得到了老板的认可,人格受到尊重,自信也会逐渐得到提升,更重要的是,你获得乐趣的同时也得到了生存的资本,培养了生存的能力。

04 勇于负责是改变一切的力量

翻阅历史,那些事业有成的人士,无不具有勇于负责的品质。阿尔伯特·哈伯德为此曾说:“所有成功者的标志都是他们对自己所说的和所做的一切负全部责任。”

勇于负责,会让你在工作中崭露头角,做出优异的成绩,这样自然能够比别人获得更多加薪和晋升的机会。勇于负责,会让你敢于承担更大的责任，积极主动地为公司发展出力流汗、建言献策，这样你自然能得到老板的青睐。

安妮是一家大公司办公室的打字员。有一天中午，同事们都出去吃饭了，唯有她一个人还留在办公室里收拾东西。这时，一个董事经过他们部门时，停了下来，想找一些信件。

这并不是安妮分内的工作。但是，她依然回答："尽管这些信件我一无所知，但是，我会尽快帮您找到它们，并将它们放在您的办公室里。"当她将董事所需要的东西放在他的办公桌上时，这位董事显得格外高兴。

四个星期后，在一次公司的管理会议上，有一个更高职位的空缺。总裁征求这位董事的意见，此时，他灵光乍现，想起了那位勇于负责的女孩——安妮。于是，他推荐了她，安妮的职位一下升了两级。

勇于负责是一种积极进取的精神。当一个人想要实现自己内心的梦想，下定决心改变自己的生活境况和人生境遇时，首先要改变的是自己的思想和认识。要学会从责任的角度入手，对自己所从事的事业保持一个清醒的认识，努力培养自己勇于负责的精神，因为这才是成功的最佳方法。

俗话说:“千里之行,始于足下”。任何伟大的工程都始于一砖一瓦的堆积,任何耀眼的成功也都是从一步一步的积累完成的。聚沙成塔,集腋成裘,成功之前所做的一切琐碎工作,都很容易让人厌倦,但是,这一砖一瓦、一跬一步的累积,都需要我们以勇于负责的精神去一点一滴地完成它。

大多数员工都认为只要把自己的本职工作做好就可以了,这样一来就算是对得起老板开付的薪水。如果我们以这种工作态度和心理面对工作,大抵上也没有什么问题。但是如果我们始终只是立足于做好自己的本职工作的活,就等于为自己的职场发展画了一个圈,我们只能在圈子内发展,无法得以突破,就是说我们始终只能是一名普通的员工,不可能成为深受老板重用的员工。

一个人即使出生在企业家族能顺利子承父业当上老板,十分幸运地拥有自己的事业,也要对自己的事业认真负责,这样才会有前途。更何况,大多数人都是从职场生涯中开始奠定自己事业的基础的。只要你还是公司的一员,就应该抛弃借口,丢掉脑中消极懒散的思想,全身心投入到自己的工作之中,以勇于负责的精神去面对自己的工作,时时处处为公司着想。你愿意承担的责任有多大,你的成绩就会有多高。一名优秀的员工从来不只满足于把自己的本职工作做好,他们在做好本职工作的同时,还会积极主动地寻找一些可以做的事,主动承担一些其他的责任——这就是他们卓越的原因所在。

你是想成为飞翔职场的雄鹰,还是甘当躲在现有成绩屋檐下的麻雀?一切在于你自己,看你是只求做好本职工作,还是敢于承担并非属于本职工作之内的责任。一个人的成就与他敢于承担的责任成正比。

改变态度,努力培养自己勇于负责的精神,你将会产生出无穷的力量,为自己的梦想和事业努力奋斗。

05 天赋责任，不容推卸

“责任到此，不能再推”，这是美国第33届总统杜鲁门的座右铭。他用这句话时刻提醒自己要勇于负责，不能把宝贵的时间和精力浪费在如何推脱责任上。对每位员工来说，请记住这八个字吧，因为你只有离借口越来越远，才会离成功越来越近。

天赋责任，不容推卸。这个世界需要的正是这样一种深深的责任感。我们不仅对自己负有责任，还对别人负有责任。正是责任把所有的人联结在一起，任何一个人对责任的懈怠都会招致恶果。

如果你辛苦工作了一周，周末去商场购物，可是怎么也找不到你想要买的东西。当你向服务员打听的时候，她佯装没有听见，还是沉浸在她的电话中；或者她领你走了好几个柜台还是没有找到；甚至在终于找到的时

候,那儿的服务员又很不耐烦你的挑选,你生气吗?你一定在想,这儿的工作人员怎么能不把顾客放在眼里,这么没有责任感!这儿的老板怎么会用这样一群家伙,早该炒鱿鱼了!可是当你回到家,平静下来的时候,你想过吗?我是否对自己的工作尽职尽责了呢?真的,想一想,是不是只有领导在你办公室的时候,你才佯装埋头工作?只要他一踏出你的办公室,你就变成了另外一个家伙,懒散、懈怠?你一定会从自己身上发现很多问题,那么,努力地改掉这些吧。积极承担起自己的责任,这才是一个优秀的人必备的素质!

在工作中,每一个人都承担着一定的责任。不要以为自己只是一名普通的员工,其实你能否担当起你的责任,对整个企业而言,同样有很重要的意义。

每一个老板都清楚他自己最需要什么样的员工,你会因为具有责任感而被雇用。你能够培养和锻炼自己的责任感,可以锻炼自己的技能、理解力和态度,使得自己能够像一个负责任的人那样行动。如果你常常趁经理不注意时偷偷地开小差,总是为不能按时完成任务寻找借口,或者将本属于自己的工作推托给其他的同事,并总是认为别人比自己干得少;抑或当老板布置一项任务时,你不停地提出这项任务有多艰巨……你一定是个非常糟糕的员工,不但老板想开除你,你自己也必然对自己丧失信心。因为放弃责任,也就放弃了一种积极向上的生活。社会学家戴维斯说:“放弃了自己对社会的责任,就意味着放弃了自身在这个社会中更好地生存的机会。放弃承担责任,或者蔑视自身的责任,这就等于在可以自由通行的路上自设路障,摔跤绊倒的也只能是自己。”

马拉松比赛的设立,就是为了纪念以生命捍卫责任的希腊士兵菲迪皮茨。公元前490年,希腊和波斯在马拉松平原上展开了一场激烈的战斗,希腊士兵打败了前来侵略的波斯人。将军命令士兵菲迪皮茨要在最短的时间内将捷报送到雅典,以激励身陷困境的雅典人。菲迪皮茨接到命令后从马拉松平原不停顿地跑回雅典(全程约40千米),当他跑到雅典把胜利的消息带去的时候，自己却累死了。后来，希腊人为了纪念这位英雄的士兵，于1896年在希腊雅典举办的近代第一届奥林匹克运动会上设立了一个竞赛项目——马拉松，用以纪念这位士兵，也为了激励那些勇于承担责任、坚持完成任务的人。

责任是对人生义务的勇敢担当，责任也是对生活的积极接受。我们不缺有才能的人，缺少的是有责任感的人。细节决定成败，细节源于责任，态度决定一切，态度来自责任，责任体现忠诚，创造卓越，决定成功。

06 唯有责任才能让能力展现最大价值

成功源于敬业，敬业铸就成功的大厦。有了敬业精神，成功就成了自然而然的事情了。

一名员工只有热爱自己的工作，认真对待自己的工作，才有可能在工作中拼搏进取，并最终取得骄人的成绩。而热爱工作、认真对待工作则是敬业精神的集中体现。

传说在尧时期，黄河流域经常发生洪水。为了制止洪水泛滥，保护农业生产，尧帝曾召开部落首领会议，征求治水能手来平息水害。

鲧被推荐来负责这项工作。鲧接受任务后，采用堤工障水，作三仞之城，就是用简单的堤埂把居住区围护起来以阻挡洪水，九年而不得成功，最后被放逐羽山而死。

舜帝继位以后，任用鲧的独生子禹治水。禹总结父亲鲧的治水经验，改“围堵障”为“疏顺导滞”的方法，就是利用水自高向低流的自然趋势，顺地形把堵塞的川流疏通，把洪水引入疏通的河道、洼地或湖泊，然后合通四海，从而平息了水患，使百姓得以从高地迁回平川居住和从事农业生产。后来，禹因此而成为夏朝的第一代君王，并被人们称为“神禹”而传颂后世。

在大禹治水过程中，留下了许多感人的事迹。相传他借助自己发明的原始测量工具——准绳和规矩，走遍大河上下，用神斧劈开龙门和伊撅，凿通积石山和青铜峡，使河水畅通无阻。他治水居外13年，三过家门而不入。他不畏艰苦，身先士卒，腿上的汗毛都在劳动中被磨光了。他是中国历史上第一位成功地治理黄河水患的英雄。

这就是著名的“大禹治水”的传说，我们常说，大禹是伟大的，他为了国家，为了百姓安危，平息水灾，三过家门而不入，这种负责任的精神至今仍被后人传颂，而他的能力也在高度的责任心中彰显。

责任是能力的承载，是最强的能力。一个没有责任心的人，能力越强，对企业而言就越危险。相反，一个有责任心的人，即便最初能力不足，在责任心的驱使下能力也会越锻炼越强。

20世纪70年代中期，日本的索尼彩电在本国已经很有名气了，但是在美国却不被顾客接受，销售相当惨淡。为了改变这种局面，索尼派出了一位又一位负责人前往美国芝加哥。那时候，日本在国际上的地位远不如今天这么高，其商品的竞争力也较弱。在美国人看来，日本货就是劣质货的代名词。所以，索尼公司派出去的负责人，一个又一个空手而回，并找出一大堆借口为自己的美国之行辩解。

但索尼公司没有放弃美国市场。后来，卯木肇担任了索尼国外部部长。上任不久，他就被派往芝加哥。当卯木肇风尘仆仆地来到芝加哥市时，令他震惊的是，索尼彩电竟然在当地寄卖商店里蒙尘垢面，无人问津。卯木肇百思不得其解，为什么在日本国内畅销的优质产品，一进入美国竟会落得如此下场？

经过一番调查，卯木肇终于了解了其中的原因。原来，以前来的负责人不仅没有努力，还严重破坏了公司的形象，他们曾多次在当地的媒体上发布削价销售索尼彩电的广告，使得索尼在当地消费者心目中形成了“低贱”“次品”的糟糕印象，索尼的销量当然会受到严重的打击。在这种时候，卯木肇完全可以回国带回新的借口：前任们把市场破坏了，不是我的责任！但他没有那么做，他首先想到的是如何挽回局面，改变现在的销售状况。

经过几天苦苦的思索，卯木肇受“带头牛”效应启发，决定找一家实力雄厚的电器公司作为突破口，彻底打开索尼电器的销售局面。

马歇尔公司是芝加哥市最大的一家电器零售商，卯木肇最先想到了它。为了尽快见到马歇尔公司的总经理，卯木肇第二天很早就去求见，但他递进去的名片却被退了回来，原因是经理不在。第三天，他特意选了一

个估计经理比较闲的时间去求见，但得到的回答却是“外出了”。他第三次登门，经理终于被他的诚心所感动，接见了他，但却拒绝卖索尼的产品，经理认为索尼的产品降价拍卖，形象太差。卯木肇非常恭敬地听着经理的意见，并一再地表示要立即着手改变商品形象。

回去后，卯木肇立即从寄卖店取回货品，取消削价销售，在当地报纸上继续刊登大幅广告，重塑索尼形象。

做完了这一切后，卯木肇再次叩响了马歇尔公司经理的门。这次他听到的拒绝理由是索尼的售后服务太差，无法销售。卯木肇立即成立索尼特约维修部，全面负责产品的售后服务工作，重新刊登广告，并附上特

约维修部的电话和地址,24 小时为顾客服务。

屡次遭到拒绝,卯木肇还是痴心不改。他规定他的每位员工每天拨五次电话,向马歇尔公司询购索尼彩电。马歇尔公司被接二连三的求购电话搞得晕头转向,以致员工误将索尼彩电列入“待交货名单”。这令经理大为恼火,这一次他主动召见了卯木肇,一见面就大骂卯木肇扰乱了公司的正常工作秩序。卯木肇温和面对,等经理发完火之后,他才晓之以理、动之以情地劝经理说:“我几次来见您,一方面是为本公司的利益,但同时也是为了贵公司的利益。在日本国内最畅销的索尼彩电,一定会成为马歇尔公司的摇钱树。”在卯木肇的巧言善辩下,经理终于同意试销两台,不过条件是,如果一周之内卖不出去,立马搬走。

为了开个好头,卯木肇亲自挑选了两名得力干将,把百万美金订货的重任交给了他们,并要求他们破釜沉舟,如果一周之内这两台彩电卖不出去,就不要再返回公司了……

两人果然不负众望,当天下午 4 点钟,就送来了好消息。马歇尔公司又追加了 2 台。至此,索尼彩电终于挤进了芝加哥的“带头牛”商店。随后,进入家电的销售旺季,短短一个月内,竟卖出 700 多台索尼彩电。索尼和马歇尔从中获得了双赢。

有了马歇尔这只“带头牛”开路,芝加哥市的 100 多家商店也大力销售索尼彩电,不出 3 年,索尼彩电在芝加哥的市场占有率便增加了两倍。

责任感是一个人成功意识的体现,要想获得成功,就必须有责任心。谁都想成功,但他们不知道从何下手,从什么地方努力。其实,我们的工作岗位,就是成功的舞台。你的成功意识变成负责任的行动,成功就离你不远了。大凡成功人士,其实他们一开始并不是想着成为什么名人,而只是做了自己应该做的一部分,结果慢慢就成功了。

更令人失望的是,在很多企业里,业务员早上在公司报了到,然后跑出去喝咖啡、洗桑拿,下午下班前再回公司“汇报”工作。上司问他要找的客户找到没有,他就说“客户不在”“客户没空,约好明天见”“今天走访的客户太多,没来得及”。

有责任感的员工富有开拓和创新精神,他绝不会在没有付出努力的情况下,就事先找好借口,他会想尽一切办法完成公司交给的任务。条件不具备,他会创造条件;人手不够,他知道多做一些、多付出一些精力和时间。不管被派到哪里,他都不会无功而返,都会在不同的岗位上让自己的能力展现出最大的价值。

第二章

责任面前没有任何借口

即使面临各种困境，你仍然可以选择积极的态度去面对眼前的挫折，保持一颗积极、绝不轻易放弃的心，尽量发现你周围人或事最好的一面，从中寻找正面的看法，让自己有向前走的力量。即使最终失败了，也能汲取教训，把这次的失败视为朝向目标前进的踏脚石，而不要让借口成为你成功路上的绊脚石。

01 勇于负责才能让自己有尊严

在日常工作中,出现失误并不可怕,可怕的是,掩藏错误,推脱责任。面对错误,多数人会采取沉默和观望的态度,不到紧急关头,不会承认,甚至百般抵赖,推诿责任。当然,也有人以积极的责任心大声地说:“这就是我的错误。”

美国塞文事务机器公司董事长保罗·查来普说:“我警告我们公司里的人,如果有谁做错了事,而不敢承担责任,我就开除他。因为这样做的人,显然对我们公司没有足够的兴趣,也说明了他这个人缺乏责任心,根本不够资格成为我们公司里的一员。”

在一家电脑销售公司里,老板吩咐三个员工去做同一件事:到供货商那里去调查一下电脑的数量、价格和品质。

第一个员工五分钟后就回来了,他并没有亲自去调查,而是向下属打听了一下供货商的情况,就回来做汇报。30 分钟后,第二个员工回来汇报,他亲自到供货商那里了解了一下电脑的数量、价格和品质。第三个员工 90 分钟后才回来汇报,原来,他不但亲自到供货商那里了解了电脑的数量、价格和品质,而且根据公司的采购需求,将供货商那里最有价值的商品做了详细记录,并和供货商的销售经理取得了联系。另外,在返回途中,他还去了另外两家供货商那里了解了一些电脑的商业信息,并将三家供货商的情况做了详细的比较,制定出了最佳购买方案。

结果第二天公司开会,第一个员工被老板当着大家的面训斥了一顿,并给他一个警告,如果下一次出现类似情况,公司将开除他。第三个员工,因为勇于负责,恪尽职守,在会议上,受到老板的大力赞扬,并当场给予了他一定的奖励。

无论做什么工作，我们都应该静下心来，脚踏实地地去做。要知道，你把时间花在什么地方，就会在那里看到成绩。只要你是勇于负责、认认真真地在做，你的成绩就会被大家看在眼里，你的行为就会受到上司的赞赏和鼓励，你的业绩就会让你在同事面前赢得尊严。

有一次，一个士兵骑马给拿破仑送信。尽管前面有敌人所设的重重关卡，而他的腿又受了伤，但是，他中途没有休息，连着三天三夜滴水未沾，就为了加快速度，提前把信送到拿破仑手中。当他赶到拿破仑面前时，由于马奔跑的速度太快，那匹马跌倒在地一命呜呼了，而他也晕倒在了地上。当他醒来后，把信交到了拿破仑手中，拿破仑又起草了一封信让他转送，并吩咐他骑自己的马，快速把信送至。

那个士兵看到那匹装饰得无比华丽的骏马，便对拿破仑说："不，将军，我是一个普通的士兵，实在不配骑这匹华丽强壮的骏马。"

拿破仑回答："世上没有一样东西，是勇敢而负责的法兰西士兵不配享有的。从此，这匹骏马将永远属于你。"结果，拿破仑把自己珍爱的坐骑送给了这名士兵。在别人尊敬的目光下，这位士兵骑上了骏马，又出发了。

一个人要想赢得别人的敬重，让自己活得有尊严，就应该勇敢地承担起责任。一个人即使没有良好的出身、优越的地位，只要他能够勤奋地工作，认真、负责地处理日常工作中的事务，同样会赢得别人的敬重和支持。反之，一个人即使高高在上，却不敢承担责任，丧失基本的职业道德，也会遭到他人的鄙视和唾弃。

泰勒是一家大型汽车制造公司的车间经理，手下管着一百多位安装技工。有一次，他带着几名员工安装一辆高级小轿车，安装完毕，恰逢总裁和他的几个朋友到车间巡视，其中有一位发现了这辆小轿车安装上的失误，因为总裁在场，泰勒怕自己挨训，便把责任推给了他的下属。总裁因为他这种不负责任的做法而勃然大怒，当着全车间的人，把他训斥了一顿。

因为这件事，下属对他的行为感到羞耻，在内心深处鄙视他的人格，并对他失去了信任感。在工作的过程中，有意识地排斥他，对他所安排的事情阳奉阴违，而公司高级管理层对他也有所成见。他的工作再也不能顺利开展，车间安装成绩直线下滑，他也因此被公司降职了。

推脱责任的习惯，既不利于事情的及时解决，又会对员工的个人及企业的发展产生不良的影响。如果你有不停地辩解的习惯，如果你习惯说“我以为”，请马上改掉，这都是拒绝承担个人责任的表现。正确认识自己，专注于自己的本职工作，勇于承担责任，找出被自己忽视的一些问题，努力成为一名优秀的员工。

02　责任面前没有任何借口

真正的负责，就是不找任何借口，把工作做到位。无论做什么事情，我们都要记住自己的责任，无论在什么样的工作岗位，都要对自己的工作负责。工作就是不找任何借口地去落实、执行。

著名畅销书作家约翰·米勒在他的书中讲了这样一个故事：

那是一个周日下午，风很大，我和我的家人驾车行驶在高速公路上。突然，一幅惊人的画面闯入我们的视野。在公路右侧的旷野中，一个中年人正从他的轮椅上扑向一大片报纸。报纸在空中飞舞，狂风将报纸吹得到处都是。他不能站立，只能在地上爬行。他努力想去抓住那些报纸，可风实在是太大了，他的腿又有残疾，转眼间，旷野中到处都是报纸。威尔——我的大儿子——在我后面喊道："爸爸，我们去帮帮他吧！"我们迅速地将车停好，然后一起冲出去帮忙。

风很大，我们几个人四处奔跑捡拾着地上和空中的报纸。当我抓住报纸，将它们抱在胸前的时候，强烈的好奇心使我十分想知道发生了什么事。我们将报纸都找了回来，围拢在那个人的周围。这时，他紧紧地抓着他费了很大力气才捉住的几张报纸。

我的一个孩子问他："发生了什么事情？"他挣扎着坐回到轮椅上，一只手臂抖个不停，好像是残废了。他说："老板让我把几捆报纸送给客户，等我到地方的时候发现缺了一捆，急忙回来沿途寻找。当我来到这里时，我简直不敢相信我的眼睛，报纸飞得到处都是。"

我未经仔细考虑就问道:“你打算一个人把这些报纸捡起来吗?”他很奇怪地望着我说道:“当然,我必须这样做。因为这是我的责任!”

在我们日常生活中,常听到这样一些借口:工作业绩不理想,那么一定是老板领导无方,相关部门不配合或经济形势不好;汽车半路抛锚,那一定是汽车厂家不对,产品质量不过关;老板不喜欢你,一定是他不懂得欣赏你……只要有心去找,借口总是有的。

但久而久之,就会形成这样一种局面:每个人都在努力寻找借口来掩饰自己的过失,推卸自己本应承担的责任。

现实工作中不知有多少人把自己宝贵的时间和精力放在了如何寻找一个合适的借口上,而忘记了自己应尽的职责!可以说,喜欢为自己的失败找借口的员工肯定是不努力工作的员工,他们找出种种借口来掩饰失败,欺骗公司,他们不是负责任的人。这样的人,在公司里不可能是称职的好员工,也绝不可能是公司可以信任的好员工。

工作中不少人遇到问题,不是全力以赴去面对,而是千方百计地找出种种理由和借口进行搪塞,逃避责任。长此以往,因为有各种各样的借口可找,人就会疏于努力,不再想方设法争取成功,而把大量时间和精力放在如何寻找一个合适的借口上。

查姆斯在担任“国家收银机公司”销售经理期间,该公司的财政发生了困难。这件事被驻外负责推销的销售人员知道后,顿时,他们的工作热情大打折扣,销售业绩开始下滑。到后来,销售部门不得不召集全国各地的销售人员开一次大会,查姆斯亲自主持会议。

首先是由各位销售人员发言,似乎每个人都有一段最令人同情的悲惨故事要向大家倾诉:商业不景气,资金短缺,人们都希望等到总统大选揭晓以后再买东西等。

当第五个销售员开始列举使他无法完成销售配额的种种困难时,查姆斯再也坐不住了,他突然跳到了会议桌上,高举双手,要求大家肃静。然后他说:“停止,我命令大会停止十分钟,让我把皮鞋擦亮。”

然后,他把坐在附近的一名黑人小工叫过来,让他把擦鞋工具箱拿来,把他的皮鞋擦亮,而他就站在桌子上不动。

在场的销售员都愣住了。人们开始窃窃私语,觉得查姆斯简直是疯了。

皮鞋擦亮以后,查姆斯站在桌子上开始了他的演讲。他说:"我希望你们每个人,好好看看这位小工友,他拥有在我们整个工厂和办公室内擦鞋的特权。他的前任是位年纪比他大得多的白人小男孩,尽管公司每周补助他 5 美元,而且工厂内有数千名员工都可以成为他的顾客,但他仍然无法从这个公司赚取足以维持他生活的费用。"

"而这位黑人小工友可以说和他前任的工作环境完全相同,在同一家工厂内,工作的对象也完全一样。他不仅不需要公司补贴薪水,而且每周还可以存下一点钱来。"

"现在我问诸位一个问题:那个白人小男孩拉不到更多的生意,是谁的错? 是他的错还是顾客的错?"

那些推销员们不约而同地说:"当然了,是那个小男孩的错。"

"是的,确实如此,"查姆斯接着说,"现在我要告诉你们的是,你们现在推销的收银机和去年的完全相同,同样的地区、同样的对象以及同样的商业条件。但是,你们的销售业绩却大不如去年。这是谁的错? 是你们的错还是顾客的错?"

同样又传来如雷般的回答:"当然,是我们的错!"

"我很高兴,你们能坦率承认自己的错误。"查姆斯继续说,"我现在要告诉你们,你们的错误就在于你们听到了有关公司财务陷入危机的传言,影响了你们的工作热情,所以你们就不像以前那么努力了。只要你们回到自己的销售地区,并保证在 30 天之内,每人负责卖出 5 台收银机,那么,本公司就不会再发生什么财务危机了。请记住你们的职责是什么,你们愿意这样去做吗?"

下边的人异口同声地回答:"愿意!"

后来,他们果然办到了。那些被推销员们曾强调的种种借口:商业不景气,资金短缺,人们都希望等到总统大选揭晓后再买东西等,仿佛根本没有发生过似的,统统没有了。

寻找借口的实质,就是把属于自己的过失掩饰过去,把应该自己承担的责任转嫁给社会或他人。这样的人,在企业中不会成为称职的员工,也不是企业可以期待和信任的员工;在社会上,不是大家可以信赖和尊重的人。这样的人,注定只能是一事无成的失败者。

03　拥抱责任就是拥抱机会

“哪里有机会?机会在哪里?”这是很多人,尤其是那些渴望在事业上取得成功的年轻人经常挂在嘴边的一句话。

事实上,机会就在每一个人的身边。当你觉得自己缺少机会或职业道路不顺畅时,不要抱怨他人,而应该问问自己是否承担了责任。

责任和机会的关系,分析起来有三种情形:

1. 责任与机会合二为一。比如,某公司有一个重要项目需要实施,董事长提出竞争上岗,谁做好了,谁就是下任项目主管。谁都看得出来,做好项目既是责任也是机会。

2. 责任中隐藏着机会。比如,老板对一位员工说:“你去开发东北市场。”表面看来,老板是给员工一个任务,实际上是给了员工一个机会,因为如果开发东北市场成功了,这位员工可能被提拔为东北市场总经理。

3. 机会中隐藏着责任。比如,老板任命某员工为经理。从表面上看,这是一个机会,其实,它也负有责任,抓住做经理这个机会,同时也就意味着要承担起一个合格的经理应当承担的责任。

上面三种关系，可以说，机会就蕴藏在责任之中，责任就是机会，或者说拥抱责任就是拥抱机会。

规避责任是人的一种本能，也可以说是人的一种劣根性。就像滥竽充数中的南郭先生一样。但是，这样的好事情是不会长久的，不愿意承担责任的人，早晚会被扫地出门，即使侥幸没有被赶走，也会因为长期不承担责任，能力长期得不到锻炼而退化，进而被淘汰。而那些在工作中主动负责的人，机会就在他们身边。

约翰·格兰特在一家五金商店工作，每周只能赚 2 美元。他刚进商店时，老板就对他说："你必须对这个生意认真负责、熟门熟路，这样你才能成为一个对我们有用的人。"

"一周 2 美元的工作，还值得认真去做？"与格兰特一同进公司的年轻同事不屑地说。

然而，格兰特却把这个简单得不能再简单的工作干得非常用心。

经过几个星期的仔细观察，年轻的格兰特注意到，每次老板总要认真检查那些进口的外国商品的账单。而那些账单使用的都是法文和德文，于是，他开始学习法文和德文，并开始仔细研究那些账单。一天，老板在检查账单时突然觉得特别劳累和厌倦，看到这种情况后，格兰特主动要求帮助老板检查账单。由于他干得实在是太出色了，所以之后的账单自然就由格兰特检查了。

一个月后的一天，他被叫到一间办公室。老板对他说："格兰特，公司打算让你来主管外贸。这是一个相当重要的职位，我们需要认真负责、能胜任的人来主持这项工作。目前，在我们公司有 20 名与你年龄相仿的年轻人，但只有你看到了这个机会，并凭你自己的努力，用实力抓住了它。我在这一行已经干了 40 年，你是我亲眼见过的三位能从工作中发现机遇并紧紧抓住它的年轻人之一。其他两个人，现在都已经拥有了自己的公司。"

格兰特的薪水很快就涨到每周 10 美元。一年后，他的薪水达到了每

周 180 美元，并经常被派到法国、德国谈生意。他的老板评价说："约翰·格兰特很有可能在 30 岁之前成为我们公司的股东。他已经从平凡的外贸主管的工作中看到了这个机遇，并尽量使自己有能力抓住这个机遇，虽然做出了一些牺牲，但这是值得的。"

对工作努力，兢兢业业地完成自己的工作，对工作中的任何疏忽和遗漏都能担负起责任，并认真地补救和完善，这就是有责任心的集中体现。有责任心的人，才会得到上司的欣赏，才能得到领导的信赖，才有更多展现自己才能的机会。

普通员工小刘在谈到她被破例派往国外公司考察时说："我和某位同事虽然同样都是研究生毕业，但我们的待遇并不相同，他职位高一级，薪金高出很多。庆幸的是，我没有因为待遇不如人就心生不满，仍是认真负责地做事。当许多人抱着多做多错、少做少错、不做不错的心态时，我尽心尽力做好我手中的每一项工作。我甚至会积极主动地去找事做，了解领导有什么需要协助的地方，事先帮领导做好准备。在后来挑选出国考察人员时，我是唯一一个资历浅、级别低的普通员工，这在公司里是极为少见的。”

成功学大师阿尔伯特·哈伯德在《致加西亚的信》一文中如此写道：

“我钦佩的是那些不论老板是否在办公室都会努力工作的人，这种人永远不会被解雇，也永远不必为了加薪而罢工。”在这里我们特别要强调这一点。

拒绝借口，自动自发地去做好一切吧！千万不要等到老板来向你交代任务，要做一个有自尊心的、有主见的员工，看准了的事就要大胆去干，不要做一个墨守成规的员工。

04 忠于职守才是真正的敬业

一个人无论从事何种职业，都应该心中常存责任感，尊重自己的工作，在工作中表现出忠于职守、尽心尽责的精神，这才是真正的敬业。每个人都肩负着责任，对工作、对家庭、对亲人、对朋友、我们都要负一定的责任。正因为担负着这样或那样的责任，我们才对自己的行为有所约束。

有一位年纪很大的补鞋匠，铺子开在巴黎古老的玛黑区。一天，一位女士拿鞋子去请他修补，他先是对她说：“我没空。拿给大街上的那个家伙吧，他会立即替你修好。”可是这位女士早就听说他的补鞋技术，还看到了工作台上放满了补鞋用的皮块和工具，她认为他肯定是个巧手的工艺匠。

“不成，那个家伙一定会把我的鞋子弄坏的。”“那个家伙”其实是那种替人即时钉鞋跟和配钥匙的人，根本不懂得修补鞋子或配钥匙。

那鞋匠见这位女士坚持不让，于是笑了起来，他把双手放在蓝布围裙上擦了擦，又看了看她的鞋子，然后让她用粉笔在一只鞋底上写下自己的

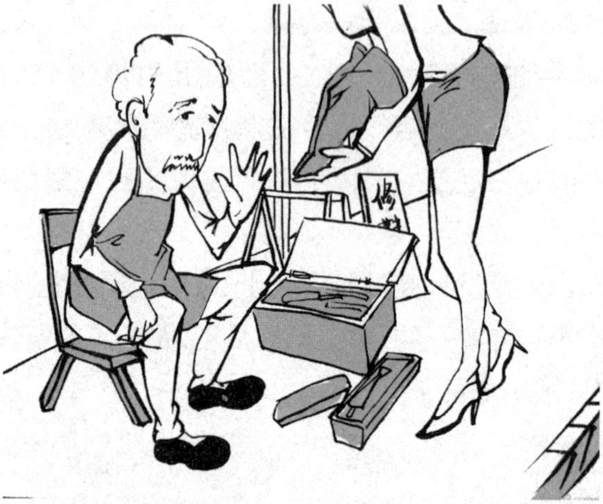

名字，说道："一个星期后来取。"

当这位女士正准备转身离去时，他从架子上拿下一只极好的软皮靴子，得意地说："看到我的本领了吗？整个巴黎只有三个人能有这种手艺。"

这位女士出了店门，走在大街上，觉得好像走进了一个展新的世界。那个老工艺匠仿佛传说中的人物……他说话不拘礼节，戴着一顶形状古怪、满是灰尘的毡帽，奇特的口音不知来自何处，而最特别的是他对自己的技艺深感自豪。

其实，出色的工作就是最为高贵的头衔。一个认真而又诚实的工匠无论做哪一门手艺，只要他尽心尽责、忠于职守，除了保持自尊之外别无他求，那么，他的高贵品质就不亚于一个著名的艺术家。这个世界上没有世袭相传的贵族，做人堂堂正正、做事尽心尽职才是最高贵的品格。

忠于职守还表现在不管老板在不在，你都尽自己所能地完成工作。老板不在身边却更加卖力工作的人，将会获得更多奖赏。如果只有在别人注意时才有好的表现，那么你永远无法达到成功的顶峰。最严格的表现标准应该是自己设定的，而不是由别人要求的。如果老板对你的期许还没有你自己的期许高的话，你将永远也不可能被解职，相反，这只会使你离晋升的日子越来越近。

成功是一种努力的积累。那些一夜成名的人，其实，在他们获得成功之前，已经默默地奋斗了很长时间。任何人，要想获取成功都要经过长时间的努力和奋斗。

05 推诿责任就是拒绝成功

在我们的日常生活当中，每个人都需要承担一定的责任。古人认为"修身、齐家、治国、平天下。"这是我们永远不可推卸的责任。我们自己的事情，自己分内的事，不要推来推去的，要用自己的肩膀扛起责任来，全力以赴地做好。

现代企业管理的思路，是充分发挥每位员工的聪明才智，用岗位职责去管理员工的工作，重视结果，轻视过程，这与传统的命令式领导相比有着本质的不同。

在工作中，养成负责任的精神，养成对目标压力的敏感，养成积极主动的工作习惯，善于动脑筋解决工作中遇到的问题，这将是你职业生涯发展过程中享用不尽的财富。

有很多员工总会发出这样的感慨："我真的不是不想做好，实在是有些问题太棘手，处理起来很困难。"

也许这只是个借口罢了。有些棘手的问题如果自己处理不了，要把这个情况向有关领导汇报，由领导去处理。但是你要记住，汇报是下属对疑难问题的底线处理方法，如果连这也做不到，这样的人在企业中也就没法生存了。因为他不仅想让自己成为聋子瞎子，还想让自己的上司也成为聋子瞎子，让大家一起糊里糊涂地等待惩罚的到来，这样的人对企业的害处不可估量。

有责任感的员工，面对问题，他去主动解决；面对失误，他能主动承担。对自己的失误负责，不仅能以良好的人品、道德和人格魅力换得别人的信赖，同时，在积极补救失误的过程中，也提高了自己解决问题的能力，从而使工作做得更好。但是如果想推脱责任，或者嫁祸他人，不但于事无补，甚至可能毁了自己的前程。

举个例子，迈克是公司质管部经理，人非常聪明，也很能干，就是有一个缺点，凡事都想给自己留好退路。对比较棘手、可能要承担责任的事情，会想办法推给其他部门或自己的上司。他非常善于用与你商量商量或汇报汇报的语气沟通工作，一旦你有什么意见比较符合他的心愿，他就会去执行，而一旦出现了问题，他便会把责任往你身上推。

他的这种思想和作法最终还是酿成了大错。一次，市场上的产品出现了质量问题，他检查了一下，认为工艺原料等都没有差错，就觉得是技术问题。技术部门检查后说技术也没问题，他就认为是技术中心不配合，问题不好解决，就把事情搁置起来了。后来质量问题在市场上暴露得越来越严重，最终造成大批量的退货，给公司造成了巨大的损失。在追究责任时，他还坚持认为这是技术中心不配合导致的结果，丝毫没有认识到作为对质量负总责的他，应该在这个过程中充当一个什么样的角色。由于他缺乏管理者的基本素质，最终被老总解雇了。

当出现问题的时候，请不要推脱你的责任。失败的人永远找借口，成功的人永远找方法。只有敢负责任的人，才是主宰自我生命的设计师，才是命运的主人，才能获得生命的自由，才能赢得别人的尊重和爱戴。只有这样，才能收获，才能发展。

06 拖延不过是逃避责任的借口

德国诗人歌德说："把握住现在的瞬间，从现在开始做起。只有勇敢的人身上才会赋有天才、能力和魅力。因此，重要的是做，而不是拖延，只有在做的过程中，你的心态才会越来越成熟。"

一位勤奋敬业的艺术家为了不让每一个闪现于脑际的想法溜掉，在他产生新的灵感时，就会立即用随身携带的笔把它仔细记录下来。哪怕是在刚刚梦醒的深夜，他也会自觉地坚持这样做。他的这个习惯已经变得十分顺畅自然，不费一点儿力气。事实上，一名优秀员工仿佛一位艺术家，他对工作的高度热爱，具有即刻行动的良好习惯，就如同艺术家记录自己的创作灵感那么自然。

作为一名优秀的职员，应该摒弃拖延的毛病，在工作的过程中养成立即行动、着手去做的习惯，而不应该为自己制造借口，有意拖延自己的工作。

费拉尔是一名保险推销员，他最大的乐趣就是带着钓竿和猎枪到丛林深处钓鱼打猎，几天后，再心满意足地带着一身的疲惫和汗水回家。但是，令他感到很困扰的是，这项爱好占据了他太多的时间。有一天，他从外面归来，回到工作岗位上时，突然产生了一个十分奇特的想法：自己可以在荒野之中开展业务。因为铁路公司的员工正好居住在铁路沿线，荒野中也散居着许多猎人和矿工，他们都是潜在的客户。这样一来，他便可以在外面狩猎的同时，兼顾自己的工作。

他马上开始着手计划，打点行李，做好行动前的准备工作，以免被犹豫和拖延影响了自己的心态，导致自己最终放弃这项奇特的计划。一切都准备好了之后，他便沿着铁路线开始工作。

那些与世隔绝的人们对他的态度十分友善和热情，他的工作因此开展得十分顺利。在和他们的接触之中，费拉尔与他们建立起了深厚的友谊。他教他们一些生活中的小手艺，给他们讲外面世界中的传奇故事。因此，费拉尔经常成为他们店中的尊贵宾客。在短短的一年中，他的业绩就突破了百万美元。

"我当时真应该那么做却没有做。"许多人的事业因拖延而导致失败时，常常后悔地这样说。

其实，在工作和生活之中，再完美的构思也会有缺陷。而一些很普通的计划，如果通过行动实实在在地执行了，会比那些没有付诸行动的完美计划要好得多。因为行动本身就可以创造有利的条件和要素。

在这个世界上，没有一件事是完美的。如果你想等到自己所要求的全部条件都具备后再去行动。那么，你只能永远地拖延下去，因为任何一项良好的条件都不是等来的。

我们承认，立即行动有时真的很难，特别是在面临自己不喜欢的意见或比较复杂的工作时，我们难免会产生一种不知从何处着手的困惑。即使这样你依然没有必要总是选择拖延作为你逃避的方式，倘若你感到工作很复杂，不妨运用切香肠的方法来解决。所谓切香肠方法，就是不要一次性地吃完整条香肠，而是将它分割切成小片，一小口小口地慢慢吃掉。同样的道理也可以移用到我们的工作上。首先将工作分成几个小部分，一一地详列到纸上，然后把每一小部分再细分成几个实施步骤，使得每一个步骤都可控制在短时间之内完成。

这样，你就会发现工作完成的速度，大大超出了你事先预计的速度。同时你还会发现，工作做起来比你原来想象的要容易得多。更重要的是，原来不喜欢的工作往往会得到很愉快的好结果，至少在工作完成时你会获得一种奇妙的满足感。

歌德曾说过："只有投入，思想才能燃烧。既已开始，完成在即。""拖延不过是逃避责任的借口"，不管什么时候，当你感到拖延的恶习正悄悄地向你"贴近"，或当此恶习已缠绕着你，使你缩手缩脚、动弹不得，请记住这句话，只有不断地行动，美好的梦想才能变成现实。

07　只有100%才算合格

100件事情,如果99件事情做好了,一件事情未做好,而这一件事情就有可能对某一单位、某个人产生百分之百的影响。

前美国国务卿基辛格,在诸事繁忙之时,对下属的要求仍然是100%才算合格。当他的助理呈递一份计划给他,问他对其计划的意见时,基辛格和善地问道:“这的确是你所能拟定的最好的计划吗?”

“嗯……”助理犹疑地回答:“我相信再作些改进的话,一定会更好。”基辛格立刻把那个计划退还给他。

这位助理日夜工作,有时甚至就睡在办公室里,3周之后,计划终于完成了!他很得意地迈着大步走进基辛格的办公室,将该计划呈交给国务卿。

当听到那熟悉的问题“这的确是你所能拟定的最完美的计划吗?”时,他激动地说:“是的,国务卿先生!”

“很好。”基辛格说:“这样的话,我有必要好好地读一读了!”

基辛格并没有直接告诉他的助理应该做什么,而是通过这种严格的要求来训练自己的下属怎样完成一份合格的计划书。

水温升到99℃,还不是开水,其价值有限;若再添一把火,在99℃的基础上再升高1℃,就会使水沸腾,并产生大量水蒸气来开动机器,从而获得巨大的经济效益。许多人做到了99%,就差1%没有做到,但有些时候,往往就是因为这个细微的差别让他们很难在事业上取得突破和成功。

我们工作中出现的问题,的确只是一些细节或小事上做得不完全到位,而恰恰是这些细节的不到位,又常常会造成较大影响。对很多事情来说,在做的过程中出现了一点点差距,往往会导致结果上出现很大的差别。

失败的最大祸根,就是从小养成敷衍了事的习惯。而成功的最好方法,就是把任何事情都做得精益求精、尽善尽美,让自己经手的每一件事都贴上“卓越”的标签。

一位伟人曾经说过:“轻率和疏忽所造成的祸患不相上下。”建筑时小小的误差,可以使整幢建筑物坍塌;不小心掉在地上的烟蒂,可以使整幢房屋、整个村庄化为灰烬;手术时的小疏忽,可以使一个宝贵的生命凋零。即使你已经为自己的工作付出了99%的努力,却疏忽了最后的1%,最后的结果可能就是失败,因为只有100%才算合格。

国内某房地产公司的老总曾回忆说:“1987年,一个与我们公司合作的外资公司的犹太工程师,为了拍项目的全景,本来在楼上就可以拍到,但他硬是徒步走了两千米爬到一座山上,连周围的景观都拍得很到位。当时我问他为什么要这么做,他只回答了一句:‘回去董事会成员会向我提问,我要把这整个项目的情况告诉他们才算完成任务,不然就是工作没做到位。’”

这位犹太工程师的个人信条就是:“我要做的事情,不会让任何人操心。任何事情,只有做到100%才是合格,99分都是不合格。60分就是次品、半次品。”

然而遗憾的是,许多初涉职场的年轻人并不明白这个道理,因为他们已经习惯马马虎虎、敷衍了事,根本就不能出色地完成任务。无数安于现状的员工,当他们达到99%的合格率,甚至是低于这一合格率时,便沾沾自喜,便满足了。殊不知,市场对企业的检查是拿着“显微镜”来看的,并且实行一票否决制。如果在生产的10 000套服装中,有一套质量不合格,那么消费者就会说“你生产的服装质量不过关。”可见,这1%是非常重要的。

对企业来说,只有严格按照规范操作,把程序中的每一个步骤都做到尽善尽美,保证自己的产品没有任何瑕疵,才能在激烈的竞争中脱颖而出。对员工来说,只有把每一件事做到极致,每一个细节都力求完美,才能提高自己的核心竞争力,真正成为老板需要的人,并最终实现自己的人生价值。

做事一丝不苟,意味着对待小事和对待大事一样谨慎。生命中的许多小事都蕴涵着令人不容忽视的道理,那种认为小事可以被忽略、置之不理的想法,正是我们做事不能善始善终的根源,它不仅使工作不完美,生活也不会快乐。

有一位犹太父亲曾经这样告诫他的孩子:“无论你未来从事何种工作,一定要全力以赴、一丝不苟。能做到这一点,就不会为自己的前途操心。世界上到处都有散漫粗心的人,只有那些善始善终者是供不应求的。”

做事力求完美,不但可以使你的精神愉快、身强体健,并且可以使你的才能迅速提高,经验日渐丰富,从而被老板委以更重要的工作。从这个方面来看,把事情做到100%是你一生成败的最关键因素。

一个人成功与否在于他是不是做什么都力求做到最好。因此,在工作中你应该以最高的规格要求自己。能做到最好,就必须做到最好;能完成100%,就决不只做99%。只要你把工作做得比别人更完美、更快、更准确、更专注,动用你的全部智能,就能引起他人的关注,实现你心中的愿望。

第三章

提升责任能力的九个钥匙

懒汉们经常抱怨自己没有能力让自己和家人衣食无忧；勤奋的人则说："我也许没有什么特别的才能，但我能够拼命干活以挣取面包。"自信地面对你眼前的工作，从中锻炼自己的心性，发现自己的不足。积极地去认识、修正自己的缺点，自己就向前迈进了一步，只有在不断的发现缺点、改进缺点、修正自己不良行为和思维习惯的过程中，自己才能够有所提升。

01　忠诚，是一种荣誉

忠诚是一种操守，是一种职业良心。

任何人都有责任去信守和维护忠诚，这是对自己所爱的人和所坚持信念的最大保护。丧失忠诚，就是对责任最大的伤害，也是对自己品行和操守最大的亵渎。

坚守忠诚，得到的是荣誉；丧失忠诚，得到的是耻辱。

美国专家通过对几十名成功者的研究发现，在决定事业成功的诸多因素中，一个人能力的大小的因素，知识占了20%，技能占了40%，态度也仅占到40%，而100%的忠诚则是你获得上述成功因素的唯一途径，它使你成为企业真正需要的人。因此，美国一位成功学家曾无限感慨地说："如果你是忠诚的，你就会成功。"

凯丽长得并不好看，学历也不太高，在一家房地产公司做电脑打字员。凯丽的打字间与老板的办公室只隔着一块大玻璃，老板的一举一动她只要愿意就可以看得清清楚楚，但她很少向那边多看一眼。凯丽每天都有打不完的材料，凯丽知道唯有工作认真是她可以和别人一争长短的资本。她处处为公司打算，打印纸都不舍得浪费一张，如果不是重要的文件，她会一张打印纸两面用。

一年后，公司资金运转困难，员工工资开始告急，人们纷纷跳槽，最后，总经理办公室的工作人员只剩下了她一个。有一天，凯丽走进老板的办公室，直截了当地问老板："您认为您的公司已经垮了吗？"老板很惊讶，说："当然没有！""既然没有，您就不应该这么消沉。现在的情况确实不好，可很多公司也面临着同样的问题，并非只有我们一家这样。虽然你的200万美元砸在工程上，暂时收不回来，可公司没有全死呀！我们不是还有一个公寓项目吗？只要好好做，这个项目一定可以成为公司重振旗鼓的开始。"说完她拿出那个项目的策划文案。几天后，凯丽被派去接手那个项目。两个月后，那片位置并不算好的公寓全部先期售出，凯丽为公司拿到3800万美元的支票，公司终于有了起色。

以后的四年，凯丽作为公司的副总经理，帮着老板做了好几个大项目，又忙里偷闲，她还炒了大半年股票，为公司净赚了600万美元。又过了四年，公司改成股份制，老板当了董事长，凯丽则成了新公司的第一任总经理。

忠诚无论作为一种优秀的传统精神，还是作为现代企业的一种企业精神，它不仅护卫责任，它本身也是一种责任。在一个企业里，我们需要的是一批忠诚于企业的员工。因为忠诚，他们才尽心尽力，尽职尽责；因为忠诚，他们才能急企业所急，忧企业所忧；因为忠诚，他们才能勇于承担一切。

当有人问凯丽如何通过炒股为公司赢利时，凯丽的回答只有简单的八个字："一要用心，二没私心。"的确如此，如果你一面为公司工作，一面打着个人的小算盘,怎么能让公司赢利呢？世上有些道理本是相通的。比如,夫妻双方应该彼此忠诚,才能感受幸福;公司和员工也只有彼此忠诚了,才能相互促进,有更好的发展。我们在任何时候都不能失去忠诚,因为它是企业成功的基石,也是个人发展的必须。

在工作中,如果你把忠诚单纯理解为从一而终,那你就错了。忠诚是一种对职业的责任感,是你承担某一责任或者从事某一职业所表现出的敬业精神。然而,不可回避的是,现在绝大多数的人,尤其是职场新人,他们工作时,想到的只是如何能让自己获得最大的收获、最快的成长。他们把敬业当成老板监督员工的手段,把忠诚看做是管理者愚弄下属的工具,认为向员工灌输忠诚和敬业思想的受益者是公司和老板。其实不然,忠诚并不仅仅有利于公司,其最终和最大的受益者是你自己。莎士比亚说:“忠诚你的所爱,你就会得到忠诚的爱。”忠诚铸就信赖,信赖造就成功。

因此,忠诚于公司,忠诚于老板,实际上就是忠诚于自己。但是,真正的忠诚并不是一味地阿谀奉承,也不是用嘴巴说出来的,它需要经受考验。

张平在一家大公司供职,能说会道,才华横溢,因此他很快被提拔为技术部经理,他的前途一片光明。

有一天,一位港商请张平喝酒。席间,港商说:“最近我的公司和你们的公司正在谈一个合作项目,如果你能把手头的技术资料提供给我一份,这将使我们公司在谈判中占据主动。”

“什么,你是说,让我做泄露机密的事?”张平皱着眉头说道。

港商小声说:“这事儿只有你知我知,不会影响你。”说着,将15万元的支票递到张平面前。张平心动了……

在谈判中,张平的公司损失很大。事后,公司查明了真相,辞退了张平。

本可大展宏图的张平不但因此失去了工作,就连那15万元也被公司追回以赔偿损失。张平懊悔不已,但为时已晚。

诱惑是忠诚最大的陷阱,也是对忠诚最大的考验。面对诱惑,有多少人经不住考验而丧失忠诚，昧着良心出卖了一切。其实，当他在出卖一切的时候，也出卖了自己。

责任感源于忠诚。没有忠诚，责任感也就无从说起，没有责任感，在引诱面前你就会把握不住自己。所以说，背叛忠诚的最大受害者将是背叛者自己。作为一名员工，一定要忠实于公司的利益。当你忠诚于你的企业时，你所得到的不仅仅是企业对你更大的信任，有时你的所作所为还会使企图诱惑你的人感觉到你的人格力量。

胡杨因才华出众，刚上班不到 3 个月，就被上司委以重任，派到上海做一个大项目。

胡杨来上海后，不巧那几天上海连降大雨，到处都是积水。从办事处出来，胡杨卷高裤腿，一手拿鞋，一手抱着手提电脑，像走钢丝一样小心翼翼地走在浑水里。突然，他脚底被什么一绊，整个人顿时失去平衡，迅速向前倾去，就在这 0.01 秒钟内，胡杨面临着一个选择：用哪只手去撑起身体重量：是鞋，还是电脑？

仅仅一闪念间，胡杨毫不犹豫地将自己 78 元的皮鞋高高举过头顶，另一只手将价值 13 000 元的手提电脑撑了下去，撑入了没膝盖的、浑浊的污水里……1 个月后公司改组，前途无量的胡杨第一个被辞退。

把 13 000 元的手提电脑看得轻于 78 元的皮鞋，胡杨衡量利益的标准是“电脑不是我的，鞋是我的”。

由此可见，让忠诚变质的后果是搬起石头砸自己的脚。

一位哲人说：“当你周围的人通过种种欺诈手段和不忠行为而暴富起来的时候，当其他的人摇尾乞怜，一心向上爬的时候，你要保持自己的尊严和清白，不要同流合污。当有人靠阿谀奉承换来一个又一个‘成就’的时候，你要善于保持内心的宁静，不要因他的这些成就而痛苦。当你见到有人为了名利像狗一样爬行的时候，你要能顶住世俗的压力，敢于特立独行，出污泥而不染，要修炼成品德高尚的人。那些品德高尚的人会凭借自己的忠诚和责任心取胜，具有忠诚原则的人为了不失职，即使牺牲自身的利益也在所不惜。”

忠诚是一个优秀的员工必须具备的美德。从某种意义上讲，忠诚于公司，就是主动以不同的方式为公司做出贡献。而不背叛公司，不做有损于公司利益的事只是忠诚的一个方面。积极改进，主动为公司寻找开源节流的渠道，也是忠诚的一种体现，而且是每个员工义不容辞的责任。

两个高中毕业生小张和小林，来到深圳后一直没有找到工作。当口袋里的钱所剩无几时，他们只好来到一个建筑工地上找到包工头推销自己。

老板说：“我这里目前没有适合你们的工作，如果愿意的话，倒可以在我的工地上干一段小工，每天给你们30元钱。”无奈之下，两个人同意了。

第二天，老板给他们分配了任务，把木工钉模具时落在地上的钉子捡起来。每天小张和小林除了吃饭的半个小时外，一刻也不歇，每个人捡了足足四五千克钉子。几天下来，小张暗暗算了一笔账，发现老板这样做十分不合算，根本达不到节流的目的。小张决定和老板谈一谈这个问题，但小林却极力阻止他：“还是别找老板的好，否则我们俩又得失业。”小张坚持自己的意见，他直接找到老板。

“老板，恕我直言，企业需要效益，表面看来，拾回落下的钉子是一件合理合情的事，但实质上它给您带来的只是负值。我老老实实捡了几天钉子，每天最多不超过5千克。这种钉子的市场价是每千克5元，这样算下来，我一天能制造20元的价值，而您却给我30元的工资。这不仅对您是损失，对我们也不公平。如果现在您算透了这笔账打算辞退我，请您直说。”

没想到，老板竟哈哈大笑起来，说：“好小伙子，你过关了！我手头上正缺一名施工员，拾钉子这笔账其实我也会算，我知道你们俩也都算出来了，我一直就等着你们过来告诉我。如果一个月后你们仍然不来找我，你们都将会被辞退。企业需要效益，更需要像你这样忠心耿耿、责任心强、一心为公司谋利益的人才，我希望你留下。小林嘛，我只能说很抱歉。”

杰克·韦尔奇说:“我忠诚我的员工,这是我对他们负有的责任。忠诚是相互的。如果缺乏对别人的忠诚,就别指望别人对你的忠诚。”所以,人和人的忠诚都是可贵的、重要的,坚持自己的忠诚不容易,坚持住了忠诚,就是坚持住了人生最宝贵、最值得珍惜的东西。

02　勇气,是成功的催化剂

勇气是你成功的催化剂,勇气是生活的风帆。勇气是战胜困难的法宝。如果你是弱者,你是自己最大的敌人;如果你是强者,你是自己最好的朋友。

有时候人就像动物一样,受到了外在或内在太多的磨难或者惊吓,他

们就怕了。就像在马戏团里,狮子和老虎很小的时候,驯兽师就开始训练它们。当小狮子和小老虎偷懒不听话的时候,驯兽师就会用皮鞭抽打它们。这种皮鞭抽打的痛楚在狮子和老虎幼小的心灵里,留下了永远不可磨灭的印象。等到狮子、老虎长大了,根本不需要驯兽师去用皮鞭抽打它

们,只要看到驯兽师手中拿着皮鞭,它们就会乖乖听命行事。因为当皮鞭抽打在地上发出噼噼啪啪的声响时,狮子、老虎已经被吓得夹着尾巴,更别说皮鞭抽在身上的痛楚滋味了。

其实以老虎与狮子这么庞大的身躯,小小一条皮鞭的抽打,应该不会造成多大的伤害。可是由于老虎与狮子从小对皮鞭的恐惧印象已经在它们心里留下了深深的烙印,它们一直认为凭它们的能耐,绝对忍受不住皮鞭的抽打。

当你对某些事情产生特别的抵抗心理,认为你“绝不能”做好这件事时,想想狮子与老虎的故事,或许你会觉悟:是否应该勇敢冲破这些恐惧感,也许你会从中发现自己潜在的能力。

假如你害怕失败,而且不断地把失败的景象灌输给你的脑中枢,使它越发深刻及生动,以至于你的潜意识也信以为真,那么你就会有失败的感受。相反的,如果你脑子里一直有个积极目标,又不断生动地把这个目标向自己灌输,使它更加深刻清晰,并且把它当做一个已经实现的事实,你就会产生一种“稳操胜券的心理”,自信、勇往直前,而且深信结果一定会成功。

拿破仑曾说:“没有人能阻止你成为最出色的人,只有你自己。”一名员工,不管从事何种工作,担任何种职务,只要接到任务,就请毫不犹豫地去执行吧。面对任务,一旦你把“不可能”三个字从大脑中剔除,迎接你的必将是令人刮目相看的业绩。

一位身残志坚的类风湿患者,如今已经是一家省级医院的类风湿科主任了。他年轻的时候身体强壮,而且当时已经考上了空军某部的飞行员,可是,在全村男女老少为他祝贺的餐桌上,平时滴酒不沾的他多喝了几杯啤酒,然后便倒在仓库的水泥地上睡着了。等醒来的时候,全身已经不能动了。为此,他几次寻死,但都被家人和朋友及时发现并抢救回来,直至最后一次,他母亲语重心长地说:“孩子,连死都不怕的人,难道还会怕活着吗?”此后,他一边攻读医书一边刻苦锻炼,最终不仅身体恢复了健康,还成为当地很有名气的医生。

在你身边,许多相当成功的人,并不一定是他比你“会”做,更重要的是他比你“敢”做。如果你失去了金钱,失之甚少;如果你失去了朋友,失之甚多;如果你失去了勇气,你就失去一切。

J. 保罗·格蒂是石油界的亿万富翁。在早期,他走的路是曲折的。上学的时候他认为自己应该当一位作家,后来又决定要从事外交部门的工作。可是,出了校门之后,他发现自己被俄克拉荷马州迅猛发展的石油业所吸引,当时他的父亲也是通过石油发财致富的。从事石油业偏离了他的主攻方向,但是他觉得,他应该把自己的外交生涯延缓一年。作为一名盲目开发油井的人,他想碰碰自己的运气。

格蒂通过在其他开井人的钻塔周围工作筹集了钱,偶尔也从父亲那里借些钱。父亲对格蒂的管教非常严厉,他可以借钱给儿子,但是并不多。年轻的格蒂是有勇气的,但他并不鲁莽。他从来没有干过冒险事。他头几次冒险都彻底失败了,但是在 1916 年,他碰上了第一口高产油井,这个油井为他打下了幸运的基础,那时他才 23 岁。

格蒂的走运是应当的,他做的每一件事都没有错。那么,格蒂怎么会知道这口井会产油呢?他确实不知道,尽管他已经收集了他所能得到的所有信息。“总是存在着一种机会的成分的,”他说,“你必须乐意接受这种成分。如果你一定要求有肯定的答案,那你就会捆住自己的手脚。”

上帝给予我们巨大的力量,鼓励我们去开创伟大的事业。而这种力量潜伏在我们的脑海深层,使每个人都具有宏韬伟略,能够精神不灭、万古流芳。如果我们不对自己的人生负责,在最关键,最可能成功的时候,不把自己的本领尽量施展出来,那么对于世界也是一种损失。世界在不断变化,正待我们去创造。

03 敬业，责任感的延伸

敬业是一种责任精神的体现。一个有敬业精神的人，才会真正为企业的发展作出贡献，自己也才能从工作中获得乐趣。

敬业，就是把工作当成生命中一项伟大的事业。即使在工作中面临各种各样的困难，也能以高度负责的态度，尽自己最大的努力，这就是敬业精神。当敬业精神植根于一个人的脑海之后，他做起事来就会积极主动，并能从中寻找到人生的乐趣。

王博大学毕业后，进入一家研究所工作。在这里，大部分人都是硕士或博士学位，只有王博一个本科毕业生，所以，在心理上他感到有很大压力。

但是，工作了一段时间后，王博发现所里的大部分职员都根本不把工作当回事，对自己的本职工作也并不认真负责。他们不是在工作中玩乐，就是利用上班时间搞自己的“第三产业”，而把自己的本职工作丢在了一边，但这一切并没有影响到王博。

每天一上班，王博就一头扎进工作之中埋头苦干，还经常加班加点。很快他的业务能力便提高了，不久他就成了所里的“顶梁柱”，并逐渐升迁为所长的助手，几年后他又被提拔为副所长。当年事已高的老所长退休时，他便顺利地成了接班人。

由于能力、经验、经济条件等诸多原因，也许很多人并不是一开始便找到自己心爱的工作，他们可能正从事着一项自己并不喜欢的职业。这时候，就应该树立一种“热爱工作”的信念。当有了这种信念之后，才会在工作和事业上永葆进取之心，脚踏实地的一步步向着自己的目标迈进。

赵强在走出大学校门的两年时间里，频繁地跳槽，也没有找到一份既

适合自己专业又让自己真正喜爱的工作。有一天,他静下心来认真地思考,最后下定决心,先把现在的工作做出色,别的以后再考虑。于是,他在工作中,利用各种因素,调动自己积极的情绪,不断想办法培养自己"热爱本职工作的信念"。渐渐地,他便能够全身心地投入到自己的工作之中,因为在工作中不断地刻苦钻研,他也从中体验到了无限的乐趣,更加热爱这份工作了。

时间一长,赵强的行为引起了上司的重视。现在,他已经是这家公司的一个部门经理了。尽管这个工作与他所学的专业不符,更不是他在学校时十分向往的那一类工作,但是他已经爱上了这份工作。他的工作态度和敬业精神也受到公司上下的一致赞誉。

俗话说:"干一行,爱一行,才会爱一行,干一行。"许多人都有过赵强的早期经历,或者正处在赵强的早期经历之中。能否走出困境,让自己的工作和事业走上正途,关键就在于自己能不能培养起"热爱工作"的信念。

由于经济高速发展,作为一名职场中人,工作的机会有很多。但是不要因此就认为社会上到处都有机会,对自己目前所从事的工作漫不经心,也不要因为对自己所从事的工作不感兴趣,而采取混日子的态度来对待自己的工作。我们应该努力培养自己的敬业精神,让它变成自己的一个良好习惯。

当敬业精神成为自己的一个良好习惯之后,或许不能立即为自己带来可观的收入,但它可以为自己奠定一个坚实的基础,帮助自己实现事业上的成功愿望。

虽然有许多人的能力并不突出,但是当他们养成了敬业的习惯之后,他身上的潜力便会被逐渐地挖掘出来。因此,工作中有敬业精神的人,无论从事任何行业都比那些没有敬业精神的人容易成功。

张家林资质一般,学习成绩和能力也并不突出。毕业后,费了很大劲才进了一家企业当了一名勤杂工,勉强维持生计。尽管如此,他并不气馁,每天在自己的工作岗位上兢兢业业地工作着。他不断地利用业余时间刻苦钻研。一年后,作为一名大学毕业生,他终于熬成一名普通的技术工人,与那些技校毕业生在同一个平台上工作着,并且技术水平还不如人家。但是,他的身上有一股韧劲,能够对自己的工作进行不断的探索和刻苦的钻研。

功夫不负有心人,五年后,张家林在这里终于有所成就,成为这家企业的副总工程师。相比之下,他那些能力特别突出的大学同学们,还有一大部分仍然在一些平凡的岗位上工作着。

齐格勒说:“如果你能够尽到自己的本分,尽力完成自己应该做的事情,那么总有一天,你能够随心所欲地从事自己想做的事情。”所以,每一名员工都应该珍惜自己的工作,用心做好每一天的工作,唯有如此,才能真正地把握现在和未来。

04 诚信，立业之本

人无信不立，“得黄金万两，不如得季布一诺。”如今，以这句古语化出的成语“一诺千金”已成为商人“信誉第一”的代名词。唯有言必信，行必果，才能赢得人心，引来滚滚财源。

米诺是一个平凡的家具业务员，干了七八年的推销工作后，他对长期以来欺骗客户招徕生意的做法感到厌倦。所以，他决定改变自己，诚实守信地对待客户。

一天早上，有一个顾客想买一种可以自由折叠、能调节高度的桌子。于是，米诺搬来桌子，如实地对顾客说：“这桌子用的木料并非上乘，贴面胶合得也一般，坦白地说，这种桌子不怎么好。但是，如果你购买后，在一周内发现质量问题，我们可以负责帮您更换。”

“可以更换，挺好的。我看到很多人在用这种桌子，挺实用的。”那位顾客说。

“也许是吧，不过在我看来，这种桌子虽然款式新，但结构有毛病，它过于复杂，用起来反倒不够简便。”

顾客看了一会儿，说：“那我再到其他家具店看看吧。”米诺说：“对，买东西就应该精挑细选，否则会吃亏的。”

那名顾客疑惑地离开了。这时，主管走了进来，严厉地训斥了他一顿，并告诉他，下次再发生类似情况，将会辞退他。

下午，那位顾客在其他店里逛了一圈后，又回到了米诺面前说：“在其他的家具店里，也有同样的桌子，他们却几乎把它说成是世界上最完美的桌子，看来，还是你们公司的桌子让人放心。”

谁知，过了不到一个星期，这位顾客因嫌桌子样式难看，并且出现了一些小毛病，要求米诺帮他重新换一张桌子。米诺满脸微笑着帮他换了一张桌子。这位顾客走后，主管大发雷霆，辞退了他。米诺神情黯然地离开了公司。

但是，第二天那名顾客又带了一群人来，他们点名要找米诺买这种桌子。

这件事惊动了老板。结果，米诺不但留在了自己的工作岗位上帮公司成交了一笔大买卖，还被提升为主管，实现了他多年以来梦寐以求的愿望。

伊丽莎白是一家大型跨国集团公司的人事主管，她在谈到员工录用与晋升方面的尺度时说："我们公司在录用一名员工时，很注重他在工作和生活中的诚信程度。假如一个人在这方面有不良记录，我们公司是不会录用他的。其实，很多公司都跟我们一样，也很注重一个人在这方面的表现，并以此作为晋升和任用的标准。假如应聘者在这一方面有污点，即使他工作经验丰富，条件优越，大部分公司也还是不会聘用他的。我们之所以这样做，有以下几个理由：首先，一个人在工作和生活上失去了诚信，毁约背信，说明他在人格上有缺陷，是一个品质不健全的人，不值得录用；其次，一个人一旦不守诺言，毁约背信，会让公司遭受重大的名誉损失；再者，一个人失去了诚信，不能信守诺言，就会打乱工作中的秩序，为公司的管理带来麻烦；最后一点，也是很重要的，就是一个人一旦失去了诚信，就会在工作岗位上玩忽职守，影响公司的健康发展。"

伊丽莎白所说的用人标准，也说明了这样一个问题：诚信不仅仅是一个人品行的证明，也是衡量一个员工责任感的尺子。所以说，在工作和生活上，我们一定要诚实、守信，这样才会赢得别人的信赖，为自己创造更多的机会。

诚信是做人的准则，我们应该把它落实到自己的日常行为之中。

有一次，一位著名的美国企业家到英国一所有名的高等学府进行演讲。一位普通的商人通过演讲会的主办者约他见面谈一谈。这位企业家答应演讲完与他见面，时间大约是两点半，那位小商人就在这所大学礼堂外面等候。

演讲的时间到了，这位企业家兴致勃勃地走上讲台，为大学生们演讲，讲他的创业史，讲商业成功必须遵循的原则。不知不觉中，时间已超过了与那位小商人约定的见面时间。显然，他已经忘记了与别人的约定。

正当他情绪高昂地演讲时，他的秘书悄悄走上了讲台，递给他一张纸条，上面写着："先生，您下午两点半有约。"

企业家这才想起了与小商人的约会，但他又立即陷入矛盾之中，一边是需要他启发并且向他们表达自己企业思想的大学生们，他们是企业发展的目标甚至是动力；而另一边，则是一位名不见经传向他请教的小商人，但是他们事先已经约好。这位企业家没有犹豫，他对大学生们说："谢谢大家来听我的演讲，本来我还想和大家继续探讨一些问题。但是，我还有一个约会，现在已经迟到了。迟到已经是对别人的不礼貌，我不能失约，所以请大家原谅，并祝大家好运。"

在雷鸣般的掌声中，这位企业家走出了礼堂，在外面找到了那位小商人，并向他表示了歉意。他们之间的谈话非常愉快。本来约定谈半个小时，他们竟然一直谈了两个多小时。后来，这位小商人也成为一名大商人，经过他的牵线，促成了许多企业主与那位企业家的合作。

人们都喜欢与诚信的人交往。一个人一旦具备了诚信的品质，也就为自己奠定了强大的亲和力基础，在工作和事业上会吸引一大批朋友和支持者。即使在某些时刻会遭遇一些困境，也会有人为他消除障碍，帮他走出困境，踏上坦途。所以，在工作和生活中，我们要把“诚信”二字落实到自己的行动中。

阿瑟·吉姆是德国一家大企业的副总。他16岁的时候，因为家境窘困而走出校门，跟着一辆密封式运货小卡车，每天向100家商店送特制食品。在那么炎热的天气里，干12个小时只能得到一块腊肉三明治、一瓶饮料和50美分现金的报酬。有一天，他到一家商店送货，看见门口有一个钱夹子，他没有打开看，便捡起来，直接交给了店主。店主拍拍他的肩膀说，是他有意扔在门口的，想试试他是不是一个诚实的人。后来，在这位商店老板的介绍下，阿瑟·吉姆进入了现在这家大企业里做最基层的业务员，由于他品行优秀，吸引了一大批客户。

有一次，他和一位客户外出用餐，在不经意间提到自己家乡所酿的土产酒还不错，正巧客户又爱好饮酒，对此很感兴趣，便顺口说了一句：“有机会回家，你带一瓶让我尝尝。”

后来，客户就把这件事忘记了。三个月后的一天下午，他真的给客户送酒来了，这位客户大为感动，觉得他这个人说话算数，连一件小事都记在心里，值得信赖。从此以后，他们经常合作，并且非常愉快。

由于阿瑟·吉姆在工作中保持着诚信的作风，很多客户都一直与他长期合作，因此他的业绩十分突出，职位也不断升迁。刚刚步入而立之年，他便成了这家公司的副总经理。

李嘉诚认为，诚信是企业能否向前发展的关键。他说：“不论是在香港还是在其他地方做生意，信用最重要。一时的损失将来还可以赚回来，但损失了诚信就什么事情也不能做了。”

05 勤奋，通往荣誉之路

企业的财富积累和不断发展离不开员工的勤奋努力，员工自己的成功更是其勤奋努力的结果。在企业中取得骄人成绩的员工正是那些刻苦学习、踏实工作的勤奋员工。

年轻的约翰·沃纳梅克算不上命运的宠儿。由于出身贫寒，他接受教育和获取知识的机会都很有限。然而，他却是一个肯刻苦钻研、勤奋工作的人。

起初，他在费城找了一份书店售货员的工作，每天要徒步 4 英里到书店去上班，虽然报酬很低，每周仅有 20 美分，但他却能兢兢业业地对待自己的工作，每天把柜台擦得干干净净，把书籍摆放得整整齐齐，并且时刻带着微笑面对每一位顾客。他还利用业余的时间，从书中不断地汲取知识来充实自己。他这种勤奋刻苦的精神感动了许多人。

后来，他又进入一家制衣店工作，每周多加了 20 美分的工资。他更加刻苦努力地工作，到了 40 多岁的时候，他已经成为一个颇有成就的商人。

一个人的成功，外部因素固然十分重要，但更重要的是其自身的勤奋与努力。可以说，没有勤奋就没有成功，没有一个成功者是不通过努力跳跃而采摘得果实的。

在这个世界上到处都能看到一些很有希望成功的人，他们的身上有着非凡的气质，眼光之中也洋溢着聪明。但是，他们最终并没有成功，原因就在于他们缺乏勤奋工作的精神。而那些资质一般，又没有什么特别能力的人，只能够通过勤奋弥补自身的不足，他们坚持不懈，最终成就了自己的事业。

懒汉们经常抱怨自己竟然没有能力让自己和家人衣食无忧；勤奋的人则说："我也许没有什么特别的才能，但我能够拼命干活以挣取面包。"

古罗马人有两座圣殿：一座是勤奋的圣殿，另一座是荣誉的圣殿。他们在安排座位时有一个秩序，就是必须经过前者，才能达到后者。那些试图绕过勤奋，寻找荣誉的人，总是被排斥在荣誉的殿堂之外，因为勤奋是通向荣誉的必经之路。

成功者都有一个共同的特点——勤奋。在这个世界上，投机取巧是永远都不会到达成功之路的，偷懒更是永远没有出头之日。

台湾美发业的领头羊、曼都公司董事长赖孝义在一次对青年们的演讲时说："要成功，勤奋、认真是最基本的功夫。而且一定要在工作上花比别人更多的时间，尤其是在给别人打工时。只有这样做，你才能为自己争取到更多的成功机会。"

在一次聚会上，有一位卓越的实业家阐述自己的成功之道时，特别提到他的座右铭："勤奋地工作，刻苦努力地钻研，比黄金还要宝贵。"他告诉大家："我之所以有今天的成就，全在于这几十年中，在工作上遵从'勤奋'二字所致。不急躁、持之以恒地勤奋下去，所以我成功了。"

有一位靠慈善机构救助的失业青年写信告诉成功学家卡耐基先生，他说自己曾经多次求职，均遭失败，他希望卡耐基先生告诉他解决的办法。

于是，卡耐基先生来到贫民区，找到了这位青年。他发现这位青年对事业有着强烈的欲望，却难以战胜多年来养成的懒惰习惯，不能勤奋地工作，才使自己陷于困境之中。

卡耐基先生对他说："你总是想做一番事业，但是当你真的面对一份工作的时候，又不肯勤奋努力。其实，一个人如果禁不住懒惰的诱惑，就不会有一个勤奋的开始。失去了勤奋，一个人也只能在困境之中自甘堕落，挥霍自己的青春。"

这位青年说："我很想改掉自己的这个毛病，但我始终没有想出战胜它的办法。”

卡耐基说:“给自己制定一个短期目标,找一份工作,每天咬紧牙关要求自己从一点一滴的小事做起,认认真真地干好每一天的工作。并且,养成每天把自己的私人房间都收拾得干干净净、清清爽爽的习惯,勤奋的意识便会慢慢渗入你的脑海之中。”

这位青年听从了卡耐基的忠告,不再接受慈善机构的资助,开始寻找

工作,自己养活自己。他走到大街上,发现许多公司的牌匾上面落了很厚的灰尘,却没人擦拭。于是,他抱着试试看的心理,找到一家公司的主管,对他们说:“牌匾脏了会影响公司的形象,我可以将贵公司门前的牌匾擦拭干净,而且工钱很便宜。”公司的主管欣然接受了他的建议。他花了几个小时将公司门前的那块牌匾擦拭得焕然一新。公司的主管很高兴,给了他工钱之后对他说,希望他今后能继续提供这种服务。

受这件事的启发,这位青年用这次擦拭牌匾赚来的钱印了传单,买了需要的清洁用品,为所有需要清洁牌匾的公司提供服务。他的这项服务一经推出,就立刻受到社会各界的欢迎。一时间,订单像雪片一样飞来,

他立刻全身心地投入到自己的工作之中。

后来,这位青年在此基础上成立了一家专门清洁牌匾和粉刷楼房外墙的公司。每天,他都要求自己和工人们在一起干活。结果,由于服务周到、信誉良好,他的财源滚滚。

战胜懒惰的诱惑,开始勤奋地工作,这需要经历一个艰难的过程。因为刚刚养成的好习惯往往就像一个新生的婴儿一样柔弱无力,但它一旦养成,就会像一个力大无比的巨人,让自己的生命焕发出激情的光彩。所以,我们应该从现在开始,付诸行动,克服懒惰的毛病,向勤奋工作的目标一步步靠拢。

加伦现在是一家建筑公司的副总经理。五六年前,他是作为一名送水工被建筑公司招聘进来的。在送水的过程中,他并不像其他的送水工一样,刚把水桶搬进来,就一面抱怨工资太少,一面躲在墙角抽烟。每次,他都会给每一个工人的水壶倒满水,并利用他们休息的时间,缠着让他们讲解有关建筑的各项知识。很快,这个勤奋好学的人引起了建筑队长的注意。两周后,他被提拔为计时员。

当上计时员的加伦依然勤勤恳恳地工作,他总是早上第一个来,晚上最后一个离开。由于他对所有的建筑工作都非常熟悉,当建筑队的负责人不在时,工人们总爱问他。

有一次,建筑队的负责人看到加伦把旧的红色法兰绒撕开包在日光灯上,以解决施工时没有足够的红灯来照明的困难,这位负责人便决定让这个勤恳又能干的年轻人作自己的助理。由于勤奋,加伦仅用了短短的五六年时间,便升迁为建筑队所属的这家建筑公司的副总经理。

虽然成了公司的副总,加伦依然保持着自己勤奋工作的作风,他常常在工作中鼓励大家要学习和运用新知识,还常常自拟计划,自己画草图,向大家提出各种好的建议。只要给他时间,他便可以把客户希望他做的所有事做好。

在今天这个充满机遇和挑战的社会里,要想让自己抓住机遇脱颖而出，就必须要求自己付出比其他人更多的勤奋和努力，积极进取，奋发向上，才能够实现愿望。所以，无论我们现在从事什么样的职业，都应该在自己的岗位上勤勤恳恳地工作。

勤奋工作，并不是机械地工作，而是在工作中，通过不断地学习、摸索、总结经验，想方设法提高自己的工作效率。这样，才会有效地利用自己工作中的时间，做好更多的事情。因此，当我们投入到自己的工作中时，要从以下几个方面入手，来掌握勤奋工作的方法，节省自己的时间，提高自己的工作效率。

首先，要学会用心工作。

很多公司的老职员习惯于用手工作。因为这些工作他们已经很熟悉了，闭着眼睛都能做好。然而只用手工作，会使人们把 10 年当作 1 天来过，10 年过后，他们只掌握了一种工作方法。也就是说，10 年来他们在自己的工作上并没有任何进步。这对于人才竞争日益激烈的现代人来说，无疑是一件十分糟糕的事情。勤奋工作，就是用自己的心去工作，这样才能用自己的眼睛去发现问题，用自己的耳朵去倾听建议，用自己的大脑去思考、学习。那么，在这 10 年之中，你所掌握的工作技巧便会帮助你实现成功的愿望。

其次，在工作中善于思考。

有一个 14 岁的男孩在报上看到一则招聘启事，正好是适合他的工作。第二天早上，当他准备前去应聘时，发现应聘队伍里已经排了 20 个男孩，而招聘名额仅有 2 个。如果是一般的男孩，看到这种情况，肯定会打退堂鼓了。但是，这个男孩思考了一下后，拿出一张纸，写了几行字，很有礼貌地说："小姐，请你把这张便条交给老板，这件事很重要，谢谢！"

这位秘书因此对他有了深刻的印象。她将纸条交给了老板，老板打开纸条，看后微笑着交还给秘书，她看到上面的字也不禁笑了起来，上面是这样写的："先生，我是排在第 21 号的男孩，请不要在见到我之前作出任何决定。"

最终这个男孩得到了这份工作，这就是思考所得到的结果。

在工作中，要想克服困难就必须善于思考，总结经验，找出方法和规律。这样才能顺利解决难题，提高自己的工作效率。

第三，勤学好问，遇事留心。

只有在工作中勤学好问，才能够不断地提高自己的知识储备，拓展视野，充分利用今天这个资讯时代中的各种信息，帮助自己提高工作效率。只有遇事留心，在工作中发现问题，弥补失误，才能把工作干得更完美。

第四，要学会不断地奖励自己，激励自己。

勤奋总是与苦和累联系在一起，如果长期处于苦和累的环境中，你可能会厌倦，甚至产生放弃的念头。所以，适时地奖励自己，激励自己，才能够消除自己心中的厌倦情绪，刺激自己更加努力地工作。

第五，在成功之后，我们还应该继续努力。

勤奋通向成功，而成功很可能会成为勤奋的坟墓。很多人凭借着勤奋努力终于被上司提拔和重用之后，就放松了自己，结果又回到了原来的好逸恶劳、不求上进的生活中。

不要贪图安逸，这只会让你变得堕落，整日游手好闲只会让你退化，只有勤奋工作才是高尚的，它将带给你人生真正的乐趣与幸福。

06　谦虚，不断进步的阶梯

空房子能住人，空容器才能盛物，只有认为自己的知识还有空白的人才能坚持终生学习。让自己永远保持一种“空杯”心态，不满足于现在所得，追求新知，追求梦想才是人生的真正价值。

有位年轻人想学禅，找到一位著名的禅师。禅师开导了他很长时间，年轻人还是没有找到入门的路径。于是，禅师端起茶壶，朝年轻人面

前的碗里倒茶。茶碗已经斟满，禅师还在不停地倒。年轻人终于忍不住，提醒说："师父，别倒了！茶杯已经装不下了。"

禅师这才停住手，慢悠悠地说："是啊，装不下了。你也是这样，要想学到禅的奥妙，就必须把头脑腾出空间来，把充塞其中的幻想和杂念清除出去。"

听了此言，年轻人当下大悟。

"三人行，必有我师"，我们每天所遇见的每个人都可以使我们的知识有所增益。假如遇见一个渔夫，他能帮助你认识神秘的海洋；假如遇见一个猎人，他能告诉你森林中的故事；即使是一个普通的农夫，也会告诉你四季的奥秘……

学习应该是一个不断进取、孜孜不倦的过程。初学之时，只得皮毛，总觉得简单易行，待更深一步，探得精髓，才知博大精深。

高尔基著名的《人生三部曲》分别是《童年》《在人间》《我的大学》。高尔基的"大学"并不是指任何一所名校，而是实实在在的生活。高尔基正是在生活的大学中不断学习，从而使他成了一位伟大的作家。

没有受过大学教育的人，往往过于看重大学教育。因家境困难或身体健康问题而无缘进入大学学习的人，人们通常认为这是一种不可补救的损失。他们以为即使日后再怎样自修自习,也还是于事无补。但事实上,世间最有学问、最有知识、最有效率的人中,有不少都是从未受过大学教育的,有的甚至早年连学校的大门都没有跨进过。

学无止境,人的一生都是受教育的时期,社会就是我们的大学校。我们所遇见的人,所接触的事物,所得到的经验,都是人生大学中的教师。

亚里士多德曾说过:“我所知道的就是我什么也不知道。”做学问犹如驾着一叶轻舟在知识的海洋中漂浮,你看不到停靠的彼岸,但可以欣赏海天一色的美景。

谦虚是一种美德。“一种美德的幼芽、蓓蕾,这是最宝贵的美德,是一切道德之母,这就是谦虚,有了这种美德我们会其乐无穷”。“谦受益,满招损”“虚己者进德之基”这些都说明谦虚的美德是源远流长的。

但是生活中也有一些很自以为是的人,无论走到哪里都是昂首挺胸,就像谷子地里那些高高站立的谷穗,如果走近你就会发现,原来它们是干瘪的。同样,那些极不谦虚的人,往往也是腹中空空。

不谦虚还有一个重要表现就是止于学习,裹步不前。特别是在当他取得了一定的成绩后,鲜花掌声接踵而至,赞誉名利随之而来,于是,他开始看不清自己前进的方向,忘记了自己真正的分量。认为别人都不如自己,于是停滞不前。不谦虚的另一种表现就是傲慢,时时不忘标榜自己是上帝的宠儿,处处要显示自己高人一等。这种傲慢表现出来的就是言语粗鲁,行为怪异,对他人嗤之以鼻,尤其是对那些自认为不如自己的人更是不屑一顾。《圣经》上说:恭敬人,彼此推让。也就是要我们尊敬他人,谦虚做人。虚荣者失去了坦诚的人格,也失去了自我道德评价的能力。

一个从心底里谦虚的人必定能时刻保持清醒的头脑,为他创造更好的生存和成长的环境。《将相和》中廉颇“肉袒负荆,自于蔺氏之门请罪”,不能不让我们更加佩服蔺相如谦虚的心态,而“将相和”使强秦多年不敢加兵于赵,假如没有蔺相如的谦虚,将相之间闹不团结,结果会怎样呢?

智者一定是懂得谦虚的。只有谦虚，人才会承认自己有不足之处，承认自己也会犯错，也才会有务实的精神，才能真正地成为一个有用的人。

谦虚能使人从心底生出信心与热情。“以史为镜，可知兴替；以人为镜，可明得失”。做一个谦虚的人，可以提高个人修养，减少损失，提高效益。

一个幸福的人，应该有许多美德，谦虚就是其中的一个方面。越是没有个性的人，越要刻意制造自己与众不同的感觉，而真正出类拔萃的人会谦虚地说：“其实没有什么。”

07 激情，让人生超越平凡

美国伟大的哲学家爱默生说：“不倾注激情，休想成就丰功伟绩。”激情是一种能把全身的每一个细胞都调动起来的力量，是不断鞭策和激励我们向前奋进的动力。在铸就所有伟大成就过程中，激情是最具有活力的因素，可使我们不惧现实中的重重困难。每一项发明，每一个工作业绩，无不是激情创造出来的，激情是工作的灵魂，甚至就是工作本身。

米斯太太和莎拉太太是两名家庭妇女。莎拉太太把家务活看成是自己的累赘，如果可能的话，她宁愿少活几年来换取免做一切家务。因为厌恶家务活，只要稍有可能，她便会拖延或干脆省掉那些家务事，即使被迫做一些，也是做地非常糟糕。她居住的房间经常乱七八糟，一片狼藉，毫无舒适的感觉。

米斯太太则截然不同，她对自己的工作充满激情，做什么事都能神情专注，干劲十足。她全身心地投入自己的工作之中，只希望把工作做得更好，不管是打扫房间，还是擦洗家具、洗衣做饭，她都能积极地投入其中，一副充满激情的样子。连摆放一个小小的玩具,她的脸上都充满了笑容,内心里一片愉悦。所以,她的家十分干净,氛围也是那样的温馨、舒适。

当一个人对自己的工作充满激情的时候,他便会全身心地投入到其中。他的自发性、创造性、专注精神等对自己工作有利的条件也会在工作的过程中表现出来。

"化妆品工业皇后"雅诗·兰黛是许多年来一直盘踞《财富》与《福布斯》杂志等富商榜的传奇人物。她白手起家,凭着自己的聪颖和对工作和事业的高度热情,成为世界著名的市场推销专才。由她一手创办的雅诗·兰黛化妆品公司,首创了卖化妆品赠礼品的推销方法,使得公司脱颖而出,走在了同行的前列。她之所以能创造出如此辉煌的业绩,不是靠世袭,而是靠自己对待工作和事业的激情。在80岁前,她每天都能斗志昂扬、精神抖擞地工作10多个小时,这种对工作的态度和旺盛的精力实在令人惊讶。今天的兰黛名义上已经退休了,事实上,她照例会每天穿着名贵的服装,精神抖擞地周旋于名门贵户之间,替自己的公司作无形的宣传。

一位父亲曾告诫他的孩子:"不管未来从事何种职业,如果你能够对自己的工作充满激情,那么,你就不会为自己的前途操心了。因为,在这个世界上散漫粗心的人到处都有,而对自己的工作善始善终、充满激情的人却很少。"

一个对自己工作充满激情的人,无论在什么公司工作,他都会认为自己所从事的工作是世界上最神圣、最崇高的职业;无论工作的困难多么大,或是质量要求多么高,他都会始终一丝不苟、不急不躁地去完成它。

有许多公司的老板,多年来费尽心机地在寻找那些对自己的工作充满激情的人。因为企业的支撑和发展都需要这样的人。一个对工作缺乏激情的人,是无法把工作做好的。

波威像许多对自己的工作不愿投入太多的人一样,虽然才华出众,却没有实现早年的抱负,这一点,让许多人感到惊讶。他在哈佛学院以优等成绩毕业后,进入了一家很大的法律公司,希望专门处理娱乐方面的法律事务,但是这个愿望并没有实现。他究竟有没有明确地提出过分的要求呢?“我当然要求过。”他说:“但是人家说我的态度不够坚决,语气总是软弱而缺乏说服力。”“虽然没有如愿得到自己想要的工作,他仍然认为‘我走的是中间路线,既不会去找经理算账,也不会把工作做得非常好。’因此,他白白耗费了自己的青春,最终一事无成。

没人愿意与一个整天提不起精神的人打交道,也没有一位公司的老总会提拔一个在工作中委靡不振的员工。因为一个人在工作的过程中委靡不振,不但会降低自己的工作能力,还会对他人产生负面的影响。

IBM 公司的人力资源部部长曾对记者说:“从人力资源的角度而言,我们希望招到的员工都是一些对工作充满激情的人,这种人尽管对行业涉猎不深,年纪也不大,但是,他们一旦投入工作之中,所有工作中的难题也就不能称之为难题了,因为这种激情激发了他们身上的每一个钻研的细胞。另外,他周围的同事也会受到他的感染,从而产生对待工作的激情。”

吉米是一家电脑公司的业务主管,现在这家公司的生意相当火爆,公司的员工对自己的工作也充满了热情和骄傲。

但是,以前并不是这种情况,那时候,公司里的很多员工都已经厌倦了自己的工作,有的人甚至都已经做好写辞职报告的准备了。但是,吉米的到来改变了这一切,他对待工作充满了激情,这种精神状态也点燃了其他员工胸中的热情火焰。

每天,吉米第一个到达公司,并微笑着与每一个同事打招呼。开始工作时,他便容光焕发,好像生活又焕然一新。在工作的过程中,他充分调动自己身上的潜力,开发新的工作方法。在他的影响下,公司的员工也都早来晚走,斗志昂扬,纵然有时候腹中饥饿,也不愿离开自己的工作岗位。由于他经常保持这种激情四射的工作状态,时间不长,经理便把他提拔到了主管的位置。

在他的带动和感染下，员工们也都充满了活力，公司的业务不断上升。

让激情之火在你的心中熊熊燃烧吧！它会让你时刻充满了热情与力量，会让你的工作变得充满乐趣，会让你的生命充满朝气。

08　进取心，美德的体现

每一个成功者都有着勇往直前、不满足于现状的进取心。当一个人具有不断进取的决心时，这种决心就会化作一股无穷的力量，这种力量是任何困难和挫折都阻挡不了的，会不达目的绝不罢休。当他们面对重重苦难时，这种进取心就会让他们充满巨大的力量，敢于挑战最大的危险，敢于做别人不敢做的事。

拿破仑·希尔告诉我们，进取心是一种极为难得的美德，它能驱使一

个人在不被吩咐应该去做什么事之前,就能主动地去做应该做的事。胡巴特对"进取心"作了如下的说明:

"这个世界愿对一件事情赠予大奖,包括金钱与荣誉,那就是'进取心'。

"什么是进取心?我告诉你,那就是主动去做应该做的事情。主动去做应该做的事情的,就是当有人告诉你怎么做时,要立刻去做。更次等的人,只在被人从后面踢时,才会去做他应该做的事,这种人大半辈子都在辛苦工作,却又抱怨运气不佳。最后还有更糟的一种人,这种人根本不会去做他应该做的事,即使有人跑过来向他示范怎样做,并留下来陪着他做,他也不会去做。他大部分时间都在失业中,因此,易遭人轻视,除非他有位有钱的老爸。但如果是这个情形,命运之神也会拿着一根大木棍躲在街头拐角处,耐心地等待着。"

你属于上面的哪一种人呢?

如果你想成为一个有进取心的人,就必须克服拖延的习惯,否则你将难以取得任何成就。

拿破仑·希尔曾经聘用了一位年轻的小姐当助手,替他拆阅、分类及回复他的大部分私人信件。当时,她的工作是听拿破仑·希尔口述,记录信的内容。她的薪水和其他从事相类似工作的人大约相同。有一天,拿破仑·希尔口述了下面这句格言,并要求她用打字机把它打下来:"记住!你唯一的限制就是你自己脑海中所设立的那个限制。"

当她把打好的纸张交还给拿破仑·希尔时,她说:"你的格言使我获得了一个想法,对你、我都很有价值。"

拿破仑·希尔并不在意这件事,但从那天起,拿破仑·希尔可以看得出来,这句话在她脑中留下了极为深刻的印象。她开始在用完晚餐后回到办公室来,并且从事不是分内而且也没有报酬的工作。她开始把写好的回信送到拿破仑·希尔的办公桌来。

她已经研究过拿破仑·希尔的风格,因此,这些信回复得跟拿破仑·

希尔自己所写的一样好,有时甚至更好。她一直保持着这个习惯,直到拿破仑·希尔的私人秘书辞职为止。当拿破仑·希尔开始找人来补这位男秘书的空缺时,他很自然地想到了这位小姐。但在拿破仑·希尔还未正式给她这个职位之前,她已经主动地承担起了这个职位的工作。由于她在下班之后,以及没有支领加班费的情况下,对自己加以训练,终于使自己有资格出任拿破仑·希尔下属人员中最好的一个职位。

不仅如此,这位年轻小姐的办事效率实在太高了,以致引起其他人的注意,他们开始提供更好的职位请她担任。拿破仑·希尔已经多次提高她的薪水,她的薪水现在已是她当初来拿破仑·希尔这儿当一名普通速记员薪水的4倍。对这件事拿破仑·希尔实在是束手无策,因为她使自己变得对拿破仑·希尔极有价值,因此,拿破仑·希尔已经不能没有她做自己的帮手了。

永远保持一颗进取的心,战胜成功道路上的各种不利因素,最终才能取得成功。生命在进取中生生不息,事业在进取中蒸蒸日上,人类也在进取中超越自我、创造辉煌。

09 服从，责任的灵魂

在企业管理过程中，很多决策的失败其实就是执行的失败，其根源都是执行不到位。执行力缺失的关键就是员工缺少必要的服从精神。

服从是一种美德，是员工职业精神的精髓。服从是执行的第一步，具有服从精神的员工就要遵照指示做事，全心全意地遵循你所认同的公司价值观去行事。

服从往往意味着牺牲和奉献。有时候需要放弃个人的想法或自由，而一心一意地执行上级的命令和指示。因此，如果从个人利益与集体利益关系的角度来审视服从的话，服从实际上是利益得失的问题。一个人若能以集体利益为重，就一定会自觉地服从上级的命令指示。而如果在服从命令方面打折扣，即使勉强服从，也是消极应付。

美国著名的西点军校提出了这样一个观点：只有具有服从品质的人，才会在接受命令之后，充分发挥自己的主观能动性，想方设法完成任务。即使完成不了也能勇于承担责任，而不是找各种借口来推脱责任。

小王是一个在校大学生，利用暑假时间在一家咨询公司做兼职，从事市场调研员的工作。通过培训，公司向他们传达了为调研员制定好的详细调研模式，规定了调研路线、方法、内容以及相关的细节问题，其中两项就是每张调查表的最少调查时间，每天的调研表完成数量。

小王热情高涨地去进行市场调查了，但现实和他所预计的完全不一样。人们并不愿意接受他的调查，更不愿意填写调查表。不要说满足最少的调研时间了，很多时候刚刚敲开门，人家一听是搞市场调查的，就“砰”的一声关上了门。整整一个上午，小王仅仅完成了几张调查表，距离公司的要求还差很多，怎么办？完不成任务的话，不仅没有钱拿，肯定

会被人笑话自己这个大学生还不如别人。他想到了一个“高明”的办法，找了个小冷饮店，自己开始“认真”地填写调查表。到了最后交调查表的时候，小王的调查表是数量最多、数据最完整的，领导还表扬他，鼓励他明天继续努力。

但第二天公司领导找他谈话了。原来公司有很完善的数据真实性检验模式，通过检验，公司已经发现了小王的做假行为。公司的老总对小王进行了批评教育，并让他懂得了一个道理：“如果一个人连起码的责任感都没有的话，又怎么会获得上司的信任呢？”

有一位叫卡特的年轻人，上司派他去一个新的地方开辟市场，那是一个十分偏僻的地方，公司生产的产品在很多人看来取得销路都是十分困难的。因此，在把这个任务分派给卡特之前，上司曾经3次把这个任务交给过公司里其他人，但是都被他们推脱掉了。他们一致认为那个地方没有市场，接受这个任务最终结果将是一场徒劳。卡特在得到上司的指示后什么话也没有多说，只带着一些公司产品的样品出发了。

3个月后，卡特回到了公司，还带回了令人振奋的消息，那里有着巨大的市场。其实，在出发之前，他也认定公司的产品在那里没有销路。但是，由于他坚决的服从意识，毅然前往，并用尽全力去开拓市场，最终取得了成功。

卡特的这种精神应该是所有员工都必须具备的。无论什么时候，你都应该主动、积极地去完成上司交给你的任务。不要给自己找任何的借口和推卸责任的理由，上级要的是结果，而不是听你再三地解释原因。也许你会说："不是所有上司的指令都是正确的，上司也会犯错误。"当然了，任何人都可能犯错误，但是一个高效的组织一定要有良好的服从观念，一个优秀的职员也应该有服从意识。如果下属不能无条件地服从上司的命令，这样的团队必将走向失败；反之，则能产生强大的执行能力，取得巨大的成功。

劳恩钢铁公司总裁卡尔·劳恩曾说过："军人学习的第一件事情就是绝对服从，整体的巨大力量来自于个体的服从精神。在公司中，我们更需要这种服从精神，上层的意识通过下属的服从很快会变成一股强大的执行力。"

服从是一名员工必须接受的严峻考验，它强调的是对公司文化的认同感而不是凡事都唯命是从。一个人只有在学习服从的过程中，才会对公司的企业文化和价值观有一个更透彻的了解，只有在服从的过程中，才能不断提高自己的执行能力。

第四章

勇于承担，绝不抱怨

在工作中，每个人都应该承担责任，首先要问一下自己，为什么是我承担这个责任而不是别人？你承担责任是因为你有能力，才有承担责任的机会。一定要树立这样的观念：承担责任光荣，推卸责任可耻。我承担的责任越大，说明我的能力越强，公司对我越重视，我今后在公司的机会越多。很难想象一个不愿意承担责任的人会有好的发展前景。

01　敢于担当，才能得到更多

在这个世界上，每一个人都扮演着不同的角色，每一种角色都承担着不同的责任，从某种程度上说，对角色饰演的最大成功就是对责任的完成。正视责任，让我们在困难时能够坚持，在成功时保持冷静，在绝望时永不放弃。因为我们的努力和坚持不仅是为了自己，还有别人。

20世纪末，在美国德州瓦柯镇的一个异端宗教的大本营内，发生了邪教徒集体自杀的事件。其中有20多名儿童被其邪教徒的父母所毒害。在这次事件中，也有10名正在查案的联邦调查局的探员遭到杀害。因为

这次事件，美国司法部部长珍娜·李诺在众议院里遭到许多议员们的愤怒指责，他们认为她应该为这起惨剧负责。

面对众人的指责，珍娜声音颤抖着说："我从没有把孩子的死亡合理化。各位议员，这件事带给我的感受远比你们想象的要强烈得多。无论如何，那些孩子和探员的死，我都难辞其咎。不过，最重要的是，各位议

员,我不愿意加入互相指责的行列。”很明显,她愿意扛起所有责任。

珍娜接受谴责,并一人独自承担责任,使众议员们为之折服,大众传媒也深受感动而对她大加赞扬。

因为珍娜没有推卸责任,一人担起所有的骂名,使本来会给政府带来灾难性后果的指责声音减弱了。一些本来对政府打击邪教政策抱有怀疑态度的民众,也开始转变观念,支持起政府的工作来了。

珍娜的举措,只是少部分人的行为。在大多数情况下,许多人都不愿意承担责任,尤其是一些公司里的员工。在工作中,他们假装不知道有责任和任务的存在,当事情进展出现失误的局面后,便推说自己并不知道有关的任务或责任,以此来逃避,或者推卸自己应该承担的责任。

杰克是一家家具销售公司的部门经理。有一次,他在公司里偷偷获取到一个情报:公司高层决定安排他们部门的人员到外地去处理一项难缠的事务。他知道这项事务非常棘手,要想妥善处理,并不容易,所以,提前一天告假。第二天,上面安排任务,恰好他不在,便直接把任务交代给他的助手,让他的助手转达。当他的助手给他打电话,向他汇报这件事情时,他以自己有病为借口,让他的助手顶替自己带一帮人去处理这项事务。处理这项事务的具体操作办法,他在电话中也教给了这位助手。

半个月后,事情办砸了,他怕公司高层追究这件事的责任,便以自己告假为由,说自己并不知道这件事情的具体情况,一切都是助手自作主张带领一帮人去处理的。按他的想法,助手是总裁安排到自己身边的人,出了事让他顶着,在公司高层面前还有一个回旋的余地,假若让自己来承担这件事的责任,恐怕就会被降职罚薪。总裁听完助手的具体阐述,对这位经理的人品产生了怀疑,如果日后他把这种手段变成一种惯用伎俩,就会影响公司的团结和业务发展,所以再也没有给过他一份富有挑战性的工作。

一个没有责任感的人,不但不会忧企业之忧,想企业之想,还会使企业的利益受到损害。他们本身就是企业的潜在危机,随时都可能给企业带来损失。

作为公司的一员，拿着公司的薪水，就应该把公司的事业当成自己的事业，在做事的时候，也应该站在公司的立场上为公司的稳定和发展谋划考虑。假若一碰到棘手问题，便筹划对策，考虑逃避责任的方法，以此来回避责任，当事情办砸了，便以不知道为借口来推卸自己的责任，这样做只会为自己的事业发展埋下“祸根”。

生活总是会给每个人回报的，无论是荣誉还是财富，条件是你必须转变自己的思想和认识，努力培养自己勇于负责的工作精神。一个人只有具备了勇于负责的精神之后，才会产生改变一切的力量。

02　对工作负责就是对自己负责

有些人本来拥有出众的才华，前途充满了光明，但在工作中却不愿意付出相应的努力，所以往往一事无成。生活中的无数实例都生动地证明了这样一个道理：在工作中，如果总是试图对工作不负责任，可能表面上看起来会节约一些时间和精力，但结果却经常是浪费了更多的时间、精力和金钱。

现代公司里的一些员工，他们害怕承担责任，对所要做的事情，或者对这些事情该如何下手都不愿思索，更不会作出任何决定。实行每事必问，事无大小，皆向上司请示该如何做，像一个没有思维能力的木偶一样。

阿伟从一所名牌大学毕业后，来到一家文化公司做编辑。他担心自己的能力和经验不够，不小心做错了事，会给公司造成损失，自己也受到牵连，因此，在工作的过程中事事都征询主管的意见。有一天，经理让他和他的主管在15天内汇编出一本教育方面的书，他不敢擅自做主，事事

请教自己的主管。有一次，主管实在是很烦，就把他训了一顿。尽管他闷

闷不乐，在编辑的过程中，还是不敢擅自做主。恰好，主管有事请假三天，他便像无头的苍蝇一样，什么也做不了，每天只好面对着材料在办公室里干耗时间。这种情况，被经理看在眼中。因为阿伟推卸责任的工作态度，这部书稿迟迟没有完成，经理大发雷霆，直接把他解雇了。

许多公司中的员工，最易犯的错误就是怕犯下错误后承担责任。因此，他们中的许多人采用了自以为很聪明的办法——不做任何决定。他们认为：不做决定就不会犯错，也就轮不到自己去承担什么责任。这是一种多么荒谬的逻辑啊！

员工之所以不做任何决定，最初的思想来源是因为他们不知道所做决定的后果究竟是好还是坏。如果好，则皆大欢喜；如果坏了，自己就要承担所谓的责任，而给自己带来不必要的损失。

这种害怕承担责任而不做任何决定的人，在工作之中，通常也不会把工作当成自己的一项伟大事业来对待。他们只是把工作当成一种谋生的手段，事事以自己的利益为出发点，置公司利益于不顾。因此，影响了公

司事业的稳固和健康发展。

人们能够做出不同寻常的成绩，是因为他们首先对工作负责，能够主动地去承担更多的责任，并且努力地去寻找解决问题的方法，这也是成功的必备素质。

03 好员工绝不会置身事外

成功的机会是不会白白降临的，只有积极主动工作的员工才有获得更好机会的可能。在任何一个公司里，那些不等老板交代就自己找事做的员工，那些接到任务时不会找借口的员工，就是老板心目中最优秀的员工，一旦有升职机会，老板第一个想到的就是这些人。

克杜拉是一家大型企业的质检员。有一次，他看见公司的一位宣传员在为公司编撰一本宣传材料。但是，他发现这位宣传员文笔生疏，缺乏才情，编出来的东西并不能引起别人的阅读兴趣。因为平时喜爱阅读，有些文采，克杜拉便主动编出一本几万字的宣传材料，送到了那位宣传员的面前。

那位宣传员看了之后认为克杜拉编撰的这本材料文笔出众内容翔实，远超过自己的水平。他大喜过望，舍弃了自己所编的东西，把克杜拉编的这一本材料交给了总经理。

总经理详细地把这本宣传材料看过一遍之后。第二天，把那位宣传员叫到了自己的办公室。

"这大概不是你做的吧。"总经理问那位宣传员。

"不……是……"那位宣传员有些战栗地回答。

"是谁做的呢？"经理问道。

"是车间里的一位质检员。"宣传员回答。

“你叫他到我办公室来一趟。”经理指派宣传员找来克杜拉。

“小伙子，你怎么想到把宣传材料做成这种样子？”经理问他。

“我觉得这样做，既有益于对内部员工进行宣传，灌输我们的企业文化、理念和管理制度，更有益于对外扩大我们企业的声誉，加强我们的企业品牌，有利于产品的销售。”克杜拉说。

总经理笑了笑说：“我很喜欢它。”

没过几天，克杜拉就被调到了宣传科任科长，负责对外宣传自己的企业。他因为在工作中表现出色，不到一年又被调到总经理办公室担任助理。

如果一个人只是尽本分，或者唯唯诺诺，对公司的发展前景漠不关心，他就无法获得额外的报酬，也无法得到事业的提升。只有养成了自动自发的工作习惯，才能掌握个人进取的要义。那些以无比的热情看待自己工作和事业的人，总能发掘出无穷的机会。

社会在发展，公司在成长，个人的职责范围也在随之扩大。不要总以这不是我分内的工作为由来逃避责任，推卸责任。当额外的工作降临到自己头上时，我们不妨把它视为一种机遇。

优秀员工与普通员工的区别就在于，当别人都在静待老板的吩咐时，优秀员工已经发挥自己的主观能动性，出色地完成了任务。任何时候，他们永远比别人更自觉。他们不仅能圆满地完成自己的任务，还会忠心耿耿地为老板考虑，提出尽可能多的建议和信息，他们也会因此得到提升和赏识。他们比别人自觉一点，相应的也就拥有更多的机会。

艾迪现在是一家五金供销公司的总裁。年轻的时候，他刚踏入社会谋生，在一家五金店当营业员。

有一天，一位顾客买了一批货物，有铲子、钳子、马鞍、盘子、水桶、箩筐等等。这位顾客过几天要结婚了，按照当地的习俗，要提前购买这些生活和劳动用具。他们把货物堆放在独轮车上，装了满满一车，连骡子拉起来都会感到有些吃力。恰巧这天送货员又刚好休假，尽管这不是艾迪的职责，但他完全出于自愿，主动帮忙为顾客送货物。

一开始很顺利，但是，走了一段路后，车轮不小心陷进了一个不深不浅的泥潭里。任凭他使出了吃奶的力气也推不动，后来一位好心的路人帮他把车推出了泥潭。他又满头大汗地把货物送到顾客家中，向顾客交付货物并仔细清点了货物的数目，直到很晚他才回到了商店。老板得知这件事后对他的行为大加赞赏，认为把他留在自己的店里会埋没了他，便很善意地把他推荐给了自己一位在五金百货公司担任老总的朋友。之后，他的境遇得到了改善，月薪涨到200美元。经过一番努力，艾迪终于在这一行业里干出了一番成就。

作为公司里的一名职员，事关公司的事务，我们都不要以"这不是我的工作"为由，推卸自己的责任，置身事外，而应该把公司的事当成自己的事，为公司的发展着想。那么，你就会树立起认真、负责的工作信念，帮助自己成长为一名优秀的职员。

如果你是公司的一名货运管理员，也许会在发货清单上发现一个与自己职责无关且又未被发现的错误；如果你是一个过磅员，也许可以质疑并纠正磅秤的刻度错误，以免公司遭受损失；如果你是一名邮递员，除了保证信件能及时准确到达之外，也许还可以做一些超出职责范围的事情。这些工作也许是专业技术人员的职责，但是，如果你做了，就等于为自己播下了成功的种子。

一个星期六的下午，与小于同在一个楼层办公的一名电影导演走进来问他，哪儿能找到一名打字员来帮忙，手头有个剧本急需当天打出来。

小于告诉他，公司里所有的打字员都去观看足球比赛了。如果他晚进来几分钟，自己也走了。但是，小于又表示，自己愿意留下来帮忙，尽管他的打字速度并不快。

工作完成后，导演问小于应该付他多少钱，小于开玩笑地说："既然是您的工作，大约需要300元吧。别人也许还会多一些。"导演笑了笑，向他表示谢意。

小于的回答不过是一个玩笑。但出乎意外，那位导演竟然真的这样做了。6个月后，这位导演找到了小于，交给他300元钱，并且，邀请他到自己公司工作，薪水比现在高出两倍。

每个老板都喜欢积极主动、善解人意的员工，每个人也都愿意和这种人共事。如果你总能保持主动超前的工作精神，在做好自己分内工作的基础上多做一些，服务质量比别人期待的更好一些，你就可以吸引老板的注意，得到加薪和升迁的机会。

04　抱怨不过是逃避责任的理由

现实生活中，我们难免要遭遇挫折与不公正待遇。每当这时，有些人往往会心生不满，满腹牢骚，希望以此得到更多人的同情，吸引别人的注意力。从心理角度上讲，这是一种正常的心理自卫行为。但这种自卫行为同时也是许多老板心中的痛。牢骚、抱怨会削弱员工的责任心,降低员工的工作积极性,这几乎是所有老板一致的看法。

奎尔是一家汽车修理厂的修理工,从进厂的第一天起,他就开始喋喋不休地抱怨,什么"修理这活太脏了,瞧瞧我身上弄的",什么"真累呀,我简直讨厌死这份工作了"……每天,奎尔都在抱怨和不满的情绪中度过。他认为自己在受煎熬,在像奴隶一样卖苦力。因此,奎尔每时每刻都窥视着师傅的眼神与行动,稍有空隙,他便偷懒耍滑,应付手中的工作。

转眼几年过去了,当时与奎尔一同进厂的三个工友,都凭着各自精湛的手艺,或另谋高就,或被公司送进大学进修,独有奎尔,仍旧在抱怨声中做他讨厌的修理工。

抱怨的最大受害者是自己。当今社会,有太多人虽然受过很好的教育,并且才华横溢,但在公司里却长期得不到提升,主要是因为他们不愿意自我反省,总是怀疑环境,对工作抱怨不休。抱怨的人很少积极想办法去解决问题,他们不认为主动独立完成工作是自己的责任,反而将诉苦和抱怨视为理所当然。

还有不少人自命清高、眼高手低。他们经常感到被老板盘剥、替别人卖命、打工,是别人赚钱的工具,在思想上有严重的抵触情绪,聪明才智没有用来思考如何完美做好上级交给的工作,而是整日抱怨,把大好的光阴和大把精力白白浪费掉了。这一现象,在一些刚刚涉入职场的人身上尤为突出。他们对自己抱有很高的期望,认为以自己的学识和才干,应该从事更体面的工作,并得受重视。但事实上刚刚跨入社会的年轻人,由于缺乏工作经验,无法被委以重任,工作自然也不是他们所想象的那样体面。要知道,即使是真有天赋的人也必须适应环境,先从点点滴滴的基础工作干起。一个人要用自己的实际成绩去敲开成功之门,唤起别人对自己的理解和信任,而不能在什么都没有的时候硬要人家承认自己,非要被破格录用不可。

所以,如果你怀才不遇,不要抱怨,或者在本单位寻求施展才能的机会，或者换个环境，找到适合自己的位置。发牢骚百害而无一益。毛泽东说："牢骚太盛防肠断，风物长宜放眼量。"确是有识之论啊！

不管走到哪里，你都能发现许多才华横溢的失业者。当你和这些失业者交流时，你会发现，他们对原有工作充满了抱怨、不满和谴责。要么怪环境条件不够好，要么就怪老板有眼无珠，不识才。总之，牢骚一大堆，积怨满天飞。殊不知这就是问题的关键所在——吹毛求疵的恶习使他们丢失了责任感和使命感，只对寻找不利因素兴趣十足，从而使自己发展的道路越走越窄。他们与公司格格不入，变得不再有用，只好被迫离开。

提及抱怨与责任，有位企业领导者一针见血地指出："抱怨是失败的一个借口，是逃避责任的理由。这样的人没有胸怀，很难担当大任。仔细观察任何一个管理健全的机构，你会发现，没有人会因为喋喋不休地抱怨而获得奖励和提升。这是再自然不过的事了。想象一下，船上的水手如果总不停地抱怨：这艘船怎么这么破，船上的环境太差了，食物简直难以下咽，以及有一个多么愚蠢的船长。这时，你认为，这名水手的责任心会有多大？对工作会尽职尽责吗？假如你是船长，你是否敢让他做重要的工作？

抱怨不但不能缓解所有面临的窘境，还会使原有的烦恼加倍、长久地出现在抱怨者的脑海里。如果有谁主观上想抱怨，生活中的一切都可以成为其抱怨的对象，如果不想抱怨，换一个思维想问题，就会发现，通过努力，就能改变现状，并获得成功和幸福的体验。所以，摆脱"抱怨"对思维控制的第一步就是以平和的心态欣赏你周围的人，即使是曾经的敌人。事实上，通过努力观察，他们成功的言行，他们的思维方式，可以让你收获到很多意想不到的东西。

如果你受雇于某个公司，一定要发誓对工作竭尽全力、主动负责。只要你依然还是整体中的一员，就不要谴责它，不要伤害它，否则你诋毁你的公司的同时也断送了自己的前程。如果你对公司、对工作有满腹的牢骚无从宣泄，做个选择吧。一是选择离开，到公司的门外去宣泄；一是选择留下，当你选择留在这里的时候，就应该做到在其位谋其政，全身心地投入到公司的工作上来，为更好地完成工作而努力。因为，这是你的责任。

如果你想改变不被老板赏识的现状，获得提升的机会，抱怨是无济于事的。你必须认真对待自己的工作，明确自己在工作中的责任，把抱怨变成积极的行动。只有这样，你才能达到改善现状的目的，享受到成功的果

实。这就好像你正住在一间简陋的破屋里，心中一直梦想着能拥有一个宽大而明亮的厅堂。要实现这个梦想，你首先应该以认真的态度对待它，不能应付，你要明白让生活变得更美好，是每个人不可推卸的责任，然后要做的就是通过实践，才能将这间小屋变成一个你心目中的天堂。

如果你不清楚自己的工作，不知道或完全忘记自己应负的责任，就不要抱怨老板不给你机会。有时真不明白，人们为什么如此善于抱怨，能够把工作中的不利因素观察得如此透彻，却无法将自己的本职工作做好。如果那些整天想着如何抱怨工作的人，能将这些精力及心思的一半用到工作上，他们就有可能取得巨大的成就。

扫除抱怨，才能让自己更多的聪明才智效力于事业发展！摒弃抱怨，才能使自己的人生道路更加平坦！

05 别把自己当成打工仔

在工作与生活中我们常常听到很多人这么说：

“我不过是在为老板打工！”

“凭什么要我做这做那，一个月才给我那么一点儿钱。”

“差不多就行了，是公司的事，又不是我自己的事情。”

说这些话的，大多数是年轻人，他们本来有着丰富的知识、卓越的能力，但他们认为，工作就是一种简单的雇佣关系，做多做少，做好做坏，认真不认真，和自己没有多大的利害关系。这样的工作观念，让无数人错失了人生中许多宝贵的机会。

里兹做了一辈子的木匠，并且以其敬业和勤奋而深得老板的信任。年老力衰时，里兹想退休回家与妻子儿女享受天伦之乐。老板十分舍不得他，再三挽留，但是他去意已决。老板只好答应了他的请求，但希望他能再帮助自己盖一座房子，里兹答应了。

盖房子的时候，里兹心不在焉，一心只想着如何与家人一起度过晚年的生活。在用料上，他也没有原来那么严格了，做出的活也全无往日的水准。老板看在眼里，却什么也没有说。等房子盖好后，老板将钥匙交给里兹："这是你的房子，是我送给你的礼物。"里兹愣住了，悔恨和羞愧溢于言表。他一生盖了无数精美绝伦的房子，最后却为自己建了这样一座粗制滥造的房子。

工作中，每个人都应该问问自己，你工作的目的是什么？你到底在为什么而工作呢？难道你觉得你工作就仅仅是为了让老板看，然后再才从他那里换取每个月的工资吗？

许多年轻人总是很茫然，他们每天在茫然中上班、下班，到了固定的

日子领回自己的薪水，高兴一番或者抱怨一番之后，仍然茫然地上班、下班。他们从没有考虑过关于工作的问题：什么是工作？工作是为什么？因此，他们只是被动地应付工作，为了工作而工作，他们不可能在工作中投入自己全部的热情和智慧。他们只是在机械地完成任务，而不是去创造性地、主动地工作。

同样一个人，可以盖出豪华的住宅，也可以建造出粗制滥造的房子，不是因为技术减退，而是因为没有尽职尽责地去工作。

“我欣赏的是那些能够自我管理、自我激励的人，他们不管老板是不是在办公室，都一如既往地勤奋工作。他们永远都不可能被解雇，也永远都没有必要为了加工资而罢工。”这是《致加西亚的信》中作者哈伯德强调的观点。

那些在事业上颇有成就的人都对自己严格要求，根本不用别人来强迫或督促。要想达到事业的顶峰，就不能仅仅在别人注意你的时候才装模作样地好好表现一番。任何真正的成功都是个厚积薄发的过程，也许有些人一夜成名，但是，他们的成功实际上是通过长期默默奋斗才得到的。

成大事者与庸人的最大区别，就是前者善于自我激励，有种自我推动的力量促使他去工作，敢于担当一切责任。成功的要诀就在于要对自己的行为切实负责，没有人能够阻碍你的成功，但也没有人可以真正赋予你成功的原动力。

别把自己当成打工仔，积极主动地工作吧！不要墨守成规，更不要画地为牢，要善于寻找一切工作的机会，超额圆满地完成老板交给你的任务。

06 给老板的报告里预备一份概要

准备好一份概要，会因此让老板认为你是一个精明且有心的人，你的工作能力也会因此得到肯定，或许在不久的将来，你就会得到晋升的机会。在职场上打拼，避免不了要写报告、做方案，可是，有些人辛辛苦苦、倾尽心血做好的工作报告、方案，到头来却得不到老板的认可。这是什么原因呢？原来他们忽视了一个很重要的细节：在给老板的报告、方案里，没有为老板精心预备一份简短的概要，以便老板快速地浏览。

曾有这样一个职员，他写的报告十分详尽，可每次他将报告呈给老板时，老板总是随意地翻一翻，不置可否。这个职员很是不解，为什么明明写得很好的报告却得不到老板的认可呢？

后来，一个在职场打拼多年的成功人士提醒他："你的报告写得好，如果再能附上一份简短的概要，肯定就能行得通，老板也会对你刮目相看。"

这个职员听从了他人的提醒，以后在写报告、做方案时，一定附上一份简短的概要，他的报告果真就很容易通过，很快得到老板的认可了。

所以说，不要小看这个简短概要的威力，或许正是因为它的帮助，才会使你在职场中更好地发挥了自己的才智，取得事业上的辉煌。

作为一个老板，他一天需要处理的事情非常多，根本没有足够的时间仔细阅读报告方案。如果你在给他的报告里附上一份简洁的概要，老板接到你的报告时，就会先阅读这份概要，通过阅读这份概要，他就可以在短时间内了解到你的报告内容，快速作出决策。

如果你没附上概要，由于老板事多人忙，加之讲求效率，故而最不耐烦长篇大论、没有中心思想的报告。老板往往无心细看报告，很多时候还会产生一种厌倦感，你辛辛苦苦做出的报告就有可能被老板否定，甚至变成一卷废纸，从而掩盖了你的辛苦和才能。

概要就是报告重要内容的缩写，如此，老板在有限的时间内就知道你报告里传达的内容。他会从概要里可以清楚地了解你的报告的目的、主要内容，以及是否能够有效执行。这样既有利于你的老板阅读，也有利于你的工作。老板因此还会认为你是一个耐心细致的人，从而肯定你的工作能力，也许有一天，会把晋升的机会摆在你面前。编写简短清晰的内容概要时，还有几点细节应予注意：

其一，要突出报告的重点和关键，把想表达的主要内容说清楚，做到简单明了，能让你的老板在几分钟内就可以了解报告的精髓。

其二，千万不要卖弄文笔，以免发生文字上的误解，造成一些误会，令老板的决策产生差错。

其三，要站在老板的角度看问题，知道目前老板注意、关心的事是什么，在概要中提出让老板感兴趣的事情，吸引老板有兴趣仔细看你的报告。

概要一旦完成，也就意味着你写的报告成功了一大半。所以，千万不要忽视概要的作用。

第五章

责任改变人生

责任就是对自己所负使命的忠诚和信守，责任就是出色地完成自己的工作，责任就是忘我地坚持，责任就是人性的升华。如果一个人希望自己一直有杰出的表现，就必须在心中种下责任的种子，在工作中做到尽职尽责，让责任成为鞭策、激励、监督自己的力量。

01　要有强烈的使命感

使命感是一种促使人们积极采取行动，实现自我信仰和人生目标的心理状态，也是决定人们行为取向和行为能力的关键因素。

当一个人视自己的事业如生命一般神圣，把自己的全部精力都投入某一项工作中，可以说没有什么做不成功的事。

具有强烈使命感的人，不但具有坚强的意志和坚忍不拔、埋首工作的决心，还有很强的探索精神，他们在自己的工作领域里刻苦钻研，尝试创新。他不是被动地等待着新使命的来临，而是积极主动地寻找目标和任务。他不是被动地适应工作使命的要求，而是积极、主动地去探索研究，变革所处的环境，在遇到困难的时候独辟蹊径，找到解决问题的方法，将自己的事业推向一个新的高度。

具有强烈工作使命感的人，他们都会自觉地努力工作，而不以薪水为目标。他们从不畏惧自己工作上的坎坷，始终沿着目标向前迈进，因此他们也一定能够享受到实现自己人生目标后上天所赋予的快乐生活。

30 年前，在费兰德还是一个 13 岁的少年时，他就要求自己一定要有所作为。那时候，他把自己人生的目标不可思议地定在纽约大都会街区铁路公司总裁的位置上。

为了这个目标，他从 13 岁开始，就与一伙人一起为城市运送冰块。虽然没有上过几天学，但是他凭借自己的努力，利用闲暇时间不断地学习，并想方设法向铁路行业靠拢。18 岁那年，经人介绍，他终于进入了铁路业，在长岛铁路公司的夜行货车上当一名装卸工。他认为这对他而言，是一个十分难得的机遇。尽管每天的工作又苦又累，他仍能一直保持一份快乐的学习心态，因此受到赏识，他又被安排到铁路上检查铁轨和路基。尽管每天只能赚1美元，但他感觉到自己正在向铁路公司总裁的职位迈进。

之后，他又被调到铁路扳道工的岗位上。在这里，他仍然勤奋工作，加班加点，并利用空闲时间帮主管们做一些书记工作。他觉得只有这样，才能学到一些更有价值的东西。

后来，他回忆说："不知道有多少次，我不得不工作到午夜十一二点钟，才能统计出各种关于火车的盈利与支出、发动机耗量与运转情况、货物与旅客的数量等数据，做了这些工作后，我得到的最大收获就是迅速掌握了铁路各个部门具体运作细节的第一手资料。而这一点，没有几个铁路经理能够真正做到。通过这种途径，我已经对这一行业所有部门的情况了如指掌。"

但是，他的扳道员工作也只是与铁路大建设有关联的暂时性工作，工作一结束，他立刻就被解雇了。

后来，他找到了公司的一位主管，向他申请，希望能继续留在长岛铁路公司做事，只要能留下，做什么样的工作都可以。对方被他的真诚所感动，于是调他到另一个部门去清洁那些满是灰尘的车厢。很快，他通过自己的实干精神，成为通往海姆基迪德的早期邮政列车上的刹车手。他始终没有忘记自己的目标和使命，不断地补充自己的铁路知识。现在，费兰德已是公司的总裁，他依然废寝忘食地工作着。在纽约人来人往、川流不息的街道上，他每天负责指导运送100万乘客，至今也没有发生过任何重大的交通事故。

他在一次演讲中说："在我看来，对一个具有强烈工作使命感的员工而言，没有什么是不能改变的，也没有什么是不能实现的。从另外一个角度讲，一个具有强烈工作使命感的员工，也正是一个优秀的、勇于负责的人，他在任何地方都会受到欢迎。他在依靠自身的努力向前迈进的时候，也会受到各方面的真诚相助。"

千里之行，始于足下。无论做什么工作，首先要把自己的事情做好，从每一件事做起，努力工作。因为我们都知道"不积跬步，无以至千里"的道理，所以，我们要一步一步地做事，逐步地向目标迈进。

02　让自己有强烈的责任感

生活中我们常听别人说："过一天算一天吧，不至于丢掉饭碗就行了！"这种人实际上已经失去了强烈的责任感，承认了自己人生的失败。

有这样一个故事，在一列火车上，有一位妇女将要临盆。列车员广播通知，紧急寻找一位妇产科医生。这个时候，有一位妇女站出来了，说她是妇产科的，列车长赶忙把她带入一间用床单隔开的病房。

毛巾、热水、剪刀、钳子什么都到位了，只等最关键的时刻到来。那位自称妇产科医生的女子此刻却非常着急，她将列车长拉到产房外，说明产妇的情况紧急，并告诉列车长自己其实只是妇产科的一名护士，并且由于一次医疗事故而被医院开除了。今天这个产妇情况不好，人命关天，她自知能力不够，建议立即送往医院抢救。此时，产妇由于难产而非常痛苦地

尖叫着，而列车行驶在京广线上，距最近的一站还要行驶一个多小时。列车长郑重地对她说："你虽然只是一名护士，但在这趟列车上，你就是医生，我们相信你！"

列车长的话感染了这名护士，她准备了一下，走进产房时又问："如果在不得已时，是保小孩还是保大人？"

"我们相信你！"列车长又郑重地重复了一遍。护士明白了，她坚定地走进产房。列车长轻轻地安慰产妇，说现在一名专家正在给她助产，请她安静下来好好配合。

出乎意料的是，那位护士几乎单独完成了这个手术，婴儿的啼哭声宣告母子的平安，而强烈的责任心让这位妇女完成了她有生以来最为成功的手术。

强烈的责任感能唤醒一个人的良知，也能激发一个人的潜能。但是在生活和工作中，随处可以见到这样一些人，他们失去了自己的责任感，只有等别人强迫他们工作时，才会工作。他们从来没有真正考虑过自己身体内到底有多少潜能。在工作的过程中，他们也对自己的学识和才能一无所知，遇到任何事情，他们都用漫不经心的态度去处理。这样的人在老板眼里是一个不可靠的、不可以授以重任的人，一旦伤害公司和客户的利益，老板会毫不犹豫地将其辞掉。一个人如果具备了强烈的责任感，面对任何艰难困苦的挑战也绝不犹豫退缩，他们不仅能完成自己分内的工作，而且会时时刻刻为企业着想。他们从不认为自己的生活应该随便得过且过地轻易打发。他们唯恐落在别人的后面，成为一个混饱肚子、打发日子的人。

在那些得过且过、懈怠懒惰、愚蠢懦弱者的思想里，认为世界上一切好的位置、好的事业都会不属于自己，他们无法从中找到自己的位置。的确，失去责任感而懒散成性的人，无论走到哪里，都不会有他们的立足之地，也没有人会需要他们。

责任感是我们战胜工作中诸多困难的强大精神力量，使我们有勇气排除万难，甚至可以把“不可能完成”的任务完成得相当出色。

人在不同的场合、不同的单位，扮演着不同的角色，肩负着不同的责任。我们要将这种责任根植于心，让它成为我们脑海中一种强烈的意识。无论是在日常行为中，还是在工作当中，无论是作为普通员工，还是处于领导地位，这种责任意识会最大限度地激发我们的积极性和潜能，从而使我们更具创造性和活力，以保证公司和个人实现双赢。

03 自动自发是责任感的核心

在公司中，很多人都认为自己做得已经足够好了，真的是这样吗？一名称职的员工不应当满足自己尚可说得过去的工作表现，而应当不断地突破自我，追求卓越，这是实现自我提升中一个很重要的步骤。

在商店工作的史密斯一直认为自己是一个非常优秀的员工,完成了自己应该做的事——记录顾客的购物款。于是,史密斯向经理提出了升职的要求,没想到经理竟拒绝了他,理由是他做得还不够好。史密斯非常生气。一天,史密斯像往常一样,做完了工作和同事站在一边闲聊。这时,经理走了过来,他环顾了一下周围,示意史密斯跟着他。史密斯很纳闷,不知道经理“葫芦里卖的什么药”。只见经理一句话也没有说,就开始动手整理那些订出去的商品。然后,他又走到食品区,清理柜台,将购物车清空。

史密斯惊讶地看着老板的举动,过了很久才明白了老板的用意。如果你想获得加薪和升迁的机会,你就得永远保持主动做事的精神,哪怕你面对的是多么无聊或毫无挑战性的工作,主动做事的精神也会让你获得更高的成就。如果你对工作只是满足于自己的工作状况,习惯于按照上司的安排埋头工作,不想学习,也不对自己的工作进行客观的评价和准时改进,对公司的发展前景和生存危机漠不关心,就无法争取到最大的进步与利益,充其量你只能得到属于你应得的那一部分。当然,这份所得远不如你想象的那么多。

要想获得更高的成就,你就必须永远保持主动超前的精神,那些成就大事的人和业绩平庸的人的区别在于成功的人总是能够主动做事,并愿意为自己的一切行为负责。没有人会给你成功的动力,同样也没有人可以阻挠你实现成功的愿望,除了你自己。

《致加西亚的信》中如此写道:我钦佩的是那些不论老板是否在办公室都会努力工作的人,这种人永远不会被解雇,也永远不必为了加薪而罢工。如果只有老板在身边时或别人注意时才有好的表现,卖力工作,这样的员工永远无法达到成功的顶峰。

主动是什么?主动就是指随时准备把握机会,展现超乎他人要求的工作表现,以及拥有为了完成任务,必要时不惜打破常规的智慧的判断力。通俗点讲,主动就是不用别人告诉你,你也可以自觉而且出色地完成工作。一个优秀的员工应该是一个自动自发地工作的人,而一个优秀的管理者则更应该努力培养员工的主动性。

每个老板都希望自己的员工能主动工作,带着思考工作。对于发个指令才会动一动、只知道机械地完成工作的"应声虫",没有老板会喜欢,更不会提拔他。对于员工而言,如果你能准确掌握老板的指令,并主动运用自身的智慧和才干,把指令内容做得比老板预想得还要好,那么升迁晋级也就指日可待了。因此,在接到一项明确的任务后,如果你在老板的指令之外,有另外一条更好的途径可走,最好能主动请示老板,积极改进。

在老板的工作日程表上,常会出现一些毫无新意和挑战性的工作,由于这些工作无表现可言,所有人都不想做,但是工作总是要有人来做的。如果你能摒弃"避之犹恐不及"的消极心态,主动请愿,甘愿做"最傻"的工作,那么,你那不斤斤计较、主动做事的态度,一定会让老板感受到你积极、热情的心,他会觉得你是一个可以依赖的人。特别是在老板和公司最需要的关键时刻,如果你能挺身而出,施以援手,帮老板解决问题,你在他心目中的地位将会更加与众不同。

"工作过分完美反而不美",这句话乍听起来荒诞之极,其实大有文章。许多员工由于害怕承担责任,在工作中一味地墨守成规,害怕改变,不愿意尝试用新的方法做事。他们的做事准则是不求有功但求无过。还有的人认为创新是老板的事,与自己无关,自己只要做好分内的工作,对得起那份薪水就可以了。如果你这样想,那么你充其量只能作为"垫底"的,让老板放心,但绝不会令老板欣赏。因为在这个以新求胜、以新求发展的世界,员工创新力的高低,在很大程度上决定着公司创新力和竞争力的高低。作为企业的员工,你一定要打破旧有思维的约束,突出自身创造力,学会"绕圈子"走路。当你主动尝试从不同的角度看事物时,创新的智慧会让你得出独到的见解,更有助于你征服老板的心。

责任感意味着忠诚和专注。在现代企业里，老板越来越需要那些敢作敢为、勇于承担责任的员工。如果你想得到提升，必须把每一件事都看做是自己的责任。如果你想让老板相信你是个可造之才，最好、最快的方法，莫过于积极主动地寻找并抓牢促进公司利益的机会，哪怕与你的职责无关，你也要这么做。当你主动对自己的行为负责、对公司和老板负责、对客户负责时，老板就会真心欣赏你、认同你、接纳你。

微软招聘时，很喜欢偏向一种“聪明人”。这种“聪明人”并不是在招聘时表现得学富五车，而是一个积极进取的“学习快手”，一个能在短时间内，主动学习更多的有关工作范围内知识的人，一个不单纯依赖公司培训、主动提高自身技能的人。事实证明，一个人只有通过积极进取，才能使主动做事的效率最大化，使自己变得更加出类拔萃。

彼得和查理一起进入一家快餐店当上了服务员。他俩的年龄一般大，也拿着同样的薪水，可是工作时间不长，彼得就得到了老板的褒奖，很快被加薪，而查理仍然在原地踏步。面对查理和周围人士的牢骚与不解，老板让他们站在一旁，看看彼得是如何完成服务工作的。

在冷饮柜台前,顾客走过来要一杯麦乳混合饮料。

彼得微笑着对顾客说:“先生,你愿意在饮料中加入 1 个还是 2 个鸡蛋呢?”顾客说:“哦,一个就够了。”

于是快餐店就多卖出 1 个鸡蛋。在麦乳饮料中加 1 个鸡蛋通常是要额外收钱的。

看完彼得的工作后,经理说道:“据我观察,我们大多数服务员是这样提问的:‘先生,你愿意在你的饮料中加 1 个鸡蛋吗?’而这时顾客的回答通常是:‘哦,不,谢谢。’对于一个能够在工作中主动发现问题、并自觉完善提高的员工,我没有理由不给他加薪。”

成功的机会总是偏爱那些能够主动做事的人。就算这个人的智商不如别人,主动做事、自发向上的内驱力也能让他争取到较好的成绩。每一个老板都在寻找能主动做事的人,并以他们的表现来犒赏他们。可是很多人根本就意识不到这一点,他们自作聪明,有很强的工作能力,却不想接受老板的命令,认为这是老板要利用他的聪明才智赚钱而已。即使勉强接下工作,也总是拖延、应付,从不想着“我如何做才能把工作做得更好?”这些人缺乏主动做事的精神,因而得不到老板的赏识,错过了一个又一个提升的机会。

一位成功学家曾聘用两名年轻女孩儿当助手,替他拆阅、分类信件,薪水与相关工作人员相同。两个女孩儿都忠心耿耿。但其中一个虽然忠心,却粗心、懒惰、从不愿主动做事,即使工作就放在眼皮底下。后来成功学家实在忍无可忍,便将她辞退了。

提起另外一个女孩儿,成功学家的赞赏之情溢于言表:“她实在太优秀,我简直不知该怎样称赞她。她的工作是替我拆阅、分类信件,可她所做的绝不仅于此。她看到我经常给读者回信要花费很多时间,便主动认真研究我的语言风格,替我给读者回信。她的那些回信和我自己写的一样好,有时甚至比我写得还好。她一直坚持这么做,并不在意我是否注意到自己的努力。前段时间,我的秘书因故辞职,这个女孩自然就成了我最满意的人选。”

美国文学家及哲学家梭罗说过:“最令人鼓舞的事实,莫过于人类确实能够主动努力以及提升生命价值。”

不要认为老板的工作很轻闲。实际上,他们只要清醒着,头脑中就得思考着公司的发展方向,一天工作十几个小时的情况并不少见,所以不要吝惜自己的私人时间,一到下班时间就率先冲出去的员工是很难有大的作为的。

微软副总裁李开复说:“不要只是被动地等待别人告诉你应该做什么,而是应该主动地去了解自己要做什么,并且仔细地规划,然后全力以赴地去完成。想想在今天世界上最成功的那些人,有几个是唯唯诺诺,等人吩咐的人?对待工作,你需要以一个母亲对孩子那样的责任心和爱心全力投入,不断努力。果真如此,便没有什么目标是不能达到的。”

每一次工作的机会对员工来说都是一次难得的锻炼和能力提升的机会。即使是打扫卫生,也会有所收获。因此,作为员工,你除了要完成上级安排的任务外,还应该擦亮眼睛,寻找那些老板没有交代但仍需去做的事情。唯有如此,你才能走在别人的前面,成为其他人追赶的目标。

04 没有尽善尽美,但要尽职尽责

工作的平凡与伟大,不在于工作本身,而在于对待工作的态度。尽职尽责,就是正确的态度之一。一个人只要对工作尽职尽责,即使是在微不足道的岗位上,也会做出令人瞩目的好成绩。

有一个刚刚进入公司的年轻人,自认为专业能力很强,因此对待工作经常不屑一顾。有一天，他的上司交给他一项任务——为一家知名的企业做一个广告宣传方案。

这个年轻人自以为才华横溢，仅用了一天的时间就完成了这个方案，交给上司。他的上司一看不行，又让他重新起草一份。结果，他又用了两天时间就又完成了，上司看完之后，虽然觉得也还不是很完美，但还能用，就把它呈报给了老板。

第二天，老板让年轻人的上司把他叫进了自己的办公室。问他："这是你能做得最好的方案吗？"年轻人一愣，没敢回答，老板轻轻地把方案推给了他，年轻人什么也没说，拿起了方案，返回了自己的办公室。

他调整了一下自己的情绪，又修改了一遍，重新交给了老板。老板还是那一句话："这是你能做得最好的方案吗？"年轻人心中还是忐忑不安，不敢给予一个肯定的答复。于是，老板还是让他拿回去重新斟酌，认真修改。

这一次，他回到办公室里，费尽心思，苦思冥想了一个星期，彻底地修改完交了上去。老板看着他的眼睛，依然问的是那一句话："这是你能做得最好的方案吗？"年轻人信心百倍地回答说："是的，我认为这是最好的方案"。老板说："好！这个方案批准通过。"

有了这一次的工作经历之后，年轻人明白了一个道理：只有尽职尽责地工作，才能把工作做得尽善尽美。在以后工作中，他便经常叮嘱自己：不要分心，一定要尽职尽责地对待自己的工作。结果，他变得越来越出色，受到了上司和老板的器重。

职场上就是这样，有些员工本来具有出色的能力，却因为没有尽职尽责的工作精神，在工作中经常出现疏漏，结果，让自己逐渐平庸下去。而另外一些人，刚开始在工作中表现得并不出色，为了改变这种境况，他们全身心地、尽职尽责地投入到工作之中，想尽一切办法把自己的工作做得完美。结果，在事业上取得了一定的成就。

曾经有一位推销员看到了这样一句话："只有尽职尽责，才能尽善尽美。"开始，他有些怀疑，后来，为了验证这一句话，他细细反省自己的工作方式和态度，结果发现自己本来有许多可以赢得顾客的机会都错过了。后来，他分析原因，认为自己在工作中的确没有做到尽职尽责，在工作之前准备不充分，心不在焉，信心不足。于是，他给自己制订了严格的工作计划，并督促自己执行。

几个月后，他又回顾自己的工作，突然发现自己的工作业绩已经增长了几倍。数年后，他拥有了自己的公司，开始在更广阔的天地里施展自己的才华。

美国总统麦金莱在德州的一所学校演讲时，对学生们说："比其他事情更重要的是，你们需要把一件事情做得尽可能完美。"

培养自己高度的责任心，努力将工作做得完美，这是时代和企业对员工的双重要求。即使是做一名每天"撞钟的和尚"，也应该将钟努力撞响，让钟声传到更遥远的地方。

责任是工作出色的前提，是职责素质的核心。一名员工有了责任心，具有责任感，才能有激情、有奉献，才会力争把自己的工作做到尽善尽美，才会有成就一切事业的可能。

05 把“责怪链”变成“责任链”

智者千虑，必有一失。即使是再优秀的员工，做工作也不能保证完全没有错。当不理想的工作结果出现时，具有强烈敬业精神的员工会勇于面对不利的结果，敢于承担一切责任。即使是在无人追究的情况下，他们也会承担自己的错误，对工作负责到底。

有这样一个笑话，讲的就是员工在工作中相互推诿，谁都不愿承担责任的情况。

在一家企业的年度总结会上，老总让公司的几个负责人讨论一下公司最近在销售方面遇到的问题。营销部经理A首先站起来说：“最近销售做得不好，我们部门有一定责任，但是，主要原因是竞争对手纷纷推出

新产品，这些新产品都比我们的产品好。”

研发部门经理 B 说：“最近，我们推出的新产品确实太少，但是，我们也有困难呀，就连少得可怜的预算，也被财务削减了一大半。”

财务经理 C 说：“我是削减了你的预算，要知道，公司的采购成本在上升，我们没有多少钱了。”

采购经理 D 忍不住跳起来，说：“不错，我们的采购成本上升了 10%，可是，你们知道为什么吗？俄罗斯的一个生产铬的矿山爆炸了，导致不锈钢价格上升。”

大家说：“原来如此。这样说，我们都没有多少责任，哈哈……”

大家得出的结论是：俄罗斯的矿山承担责任。

公司的老总面对这种情景，无奈地苦笑：“这样说来，那我只好去考核俄罗斯的矿山了？”

故事中的部门经理们不仅不承担共同的组织责任，就连各自应该承担的责任都在尽力摆脱，一旦所有的部门都形成了这种风气，就会造成企业组织中“责任链”的断裂。

这虽然是一个笑话，却清楚地说明了假如在一个公司内部，推脱责任成了一种习惯，大家都互相埋怨、互相推卸责任。老总责怪副总，副总责怪部门经理，部门经理责怪员工，员工责怪客户，甲部门责怪乙部门……久而久之，就会形成一种奇怪的“责怪链”。

现实中也有很多这样的案例。

赵彤是一家建筑公司的营销部经理。由于他口才好，又极懂得周旋，于是领导安排他去处理公司在外地的一桩工程收尾过程中与当地居民发生的纠纷，希望他与外地公司的几位负责人共同协调，把这件事处理妥当。但赵彤认为，这些事务不在他的职责范围之内，因而工作起来很不积极。在处理具体事务时，他又自恃是总裁派来的人，一意孤行，不与分部负责人积极配合，结果事情反而弄得更糟。加上他不了解当地的民俗民情，还与当地居民发生了严重的冲突。当总裁责怪他时，他却把责任都推到分部负责人的头上。总裁对事情进行了一番详细的调查后，终于了解了事情的全部过程，不但给了赵彤罚薪处分，对赵彤的人品和能力也产生了极大的怀疑。

事隔不久，赵彤又因公司业务与分部那几位负责人进行了工作方面的交接，大家都记恨他当初嫁祸于人的做法，借机报复他，导致赵彤开展业务失败。无奈之下，赵彤不得不辞职，离开了这家极有发展前途的公司。

赵彤嫁祸他人，他的做法固然令人厌恶，但同事伺机报复更加剧了公司内部责任链条的断裂，这样一个组织，以及在这个组织中工作的员工，他们的未来恐怕不会乐观。

那么，如何把“责怪链”变成“责任链”呢？

首先，企业需要健全制度，制度不健全才会造成责任界限模糊，没有细分到具体的部门，从而导致员工钻了空子，觉得自己没有责任和义务。正是因为制度上的这种缺陷，导致了责任心的缺失，也纵容了员工内心的天平朝着推卸责任的一方倾斜。

许多企业都存在这样的问题，市场竞争越来越激烈，由于制度、管理安排不合理等方面的原因，造成某项工作出现好像两个部门都管，其实谁都不管，出现问题时纠缠不休，互相扯皮，推诿责任的现象，使原来的有序反而变成无序，造成责任心的严重缺失。

其次，员工要努力提升与培养个人的责任意识，集思广益，通过团队合作把事情做好。

有人说，一个优秀的员工应该永远学习为两件事负责，一件是目前所从事的工作，另一件是以前所从事过的工作。如果真正做到了这两点，那么，他一定是个有出息的员工，因为他能够以负责的精神为企业责任链的健康运行出力，同时也在为自己的将来铺路。

凡是习惯于推卸责任，不但不利于事情的及时解决，还会对员工的个人发展、企业的发展产生不良的影响。正确认识自己，专注自己的本职工作,勇于承担责任,把“责怪链”变成“责任链”,这样,企业才会有凝聚力、向心力,最终才有活力,进而才能够不断地发展壮大,做大做强!

06 打破常规,勇敢面对“不可能”

在这个竞争激烈的年代,要想取得成功,就必须打破常规,勇敢面对不可能,展现全新的自我。

凡能够成就大事业的,永远是那些拥有自信的人;是敢于想人所不敢想,为人所不敢为,不怕孤立的人;是勇敢而有创造力的,往前人所未曾往的人;是那些敢于向规则挑战的人。

日本著名的企业家本田宗一郎就是这样一位勇于突破自我的人,他认为要想取得成功,除了要有良好的制造技术,还要有勇于进取,突破常规的勇气。

第二次世界大战结束后,日本遭遇严重的汽油短缺,本田先生根本无法开车出门去买家里所需的食物。开不成汽车,给出行带来了很大的不方便,本田先生就转变思路,寻找既方便又省油的方法。他打破常规试着把马达装在脚踏车上。他知道如果成功,邻居们一定会央求他给他们也都装一部摩托脚踏车。果不其然,他装了一部又一部,直到手中的马达全部用光。他想,何不开一家工厂,专门生产自己发明的摩托车?可惜的是,他没有那么多资金。

功夫不负有心人,最后他终于想出了一个主意,去求助日本全国20 000家脚踏车店。他给每一家脚踏车店写了封言词恳切的信,告诉他们如何借着他发明的产品,在振兴日本经济上扮演一个角色。终于他说服了其中的8000家,凑齐了所需的资金。当时他所生产的摩托车既大又笨重,因此只能卖给少数硬派的摩托车迷。为了扩大市场,本田先生动手把摩托车改得更轻巧,改进后的轻巧摩托车一经推出便赢得满堂喝彩,因而获得“天皇赏”。随后他的摩托车又外销到欧美,20 世纪 70 年代本田公司又开始生产汽车并获得佳评。

本田先生勇于突破自我,取得了事业上的成功。细想在世界上,哪一种成功不应归功于勇于突破自我束缚的局限呢?

然而,在现实生活中,我们有太多的人生活在一种被束缚、被阻碍的不良的环境之中,这种环境足以泯灭热忱、丧失志气、分散精力、浪费时间。最终,我们的志向会因没有成绩,对未来感到失望而走向死亡。

摆脱一切阻碍、束缚我们的东西,给自己创造一个自由、和谐的环境,这是事业成功的第一个准备。

勇于突破自我的束缚,表现在工作上,就是要敢于向“不可能完成”的任务挑战!

勇于向“不可能完成”的工作挑战的精神,是获得成功的基础。职场中,很多人虽然很有才学,也具备各种获得老板赏识的能力,但却有一个致命弱点:缺乏挑战的勇气,只愿做职场中谨小慎微的“安全专家”。对不时出现的那些异常困难的工作,他们不敢主动发起“进攻”,能躲多远,就躲多远。他们认为要想保住工作,就要保持熟悉的一切,对于那些颇有难度的事情,还是躲远一些好,否则,就有可能被撞得头破血流。最终,他们只能平庸地度过一生。一位老板描述自己心目中的理想员工时说:“我们所急需的人才,是有奋斗进取精神,勇于向‘不可能完成’的工作挑战的人。”但我们见到的大都是谨小慎微、满足现状、惧怕未知与挑战的人,而勇于向“不可能完成”的工作挑战的员工,犹如稀有动物一样,始终供不应求,是人才市场上的“短缺货”。

珍妮弗·露茜在学校时是一个有名的才女,她不但无所不通,而且口才与文采也是无人能敌的。大学毕业后,她在学校的极力推荐下去了一家小有名气的公司。

公司每周都要召开一次例会，讨论公司计划。每次开会大家都争先恐后地表达自己的观点和想法，只有露茜总是悄无声息地坐在那里一言不发。她原本有很多好的想法和创意，但是她又有很多顾虑，一是怕自己刚刚到这里便“妄开言论”，被人认为是张扬、锋芒毕露；二是怕自己的思路不合领导的口味，被人看做是幼稚。就这样，她在沉默中度过了一次又一次激烈的争辩会。有一天，她突然发现，所有的人们都在力陈自己的观点，似乎已经把她遗忘在那里了。于是她准备扭转这种局面。但这一切为时已晚，没有人再愿意听她的声音了，在所有人的心中，她已经根深蒂固地成了一个没有实力的花瓶人物。最后，她终于因为自己的保守思想付出了沉重的代价——失去了这份工作。

当我们羡慕那些有突出表现的同事，羡慕他们得到老板器重并被委以重任时，我们一定要明白，他们的成功绝不是偶然的。他们之所以成功，很大程度上取决于勇于挑战“不可能完成”的工作。正是秉持着这一原则，他们磨砺生存的利器，不断力争上游，最终才脱颖而出。

在工作中，渴望成功是我们每个人的期盼。当一件看似“不可能完成”的艰难工作摆在我们面前时，不要抱着“避之唯恐不及”的态度，更不要花过多的时间去设想最糟糕的结局，不断重复“根本不能完成”的念头，这等于在预演失败。积极尝试新事物，从旧的思想束缚中慢慢摆脱出来，你会品尝到一种全新的乐趣，这样生活才会变得生气勃勃、富有活力。

07 公司内没有分外事

一个责任感强的员工应当在老板和公司最需要的时刻挺身而出，为老板分忧解难，帮老板解决问题。

任何一家公司或企业里，即使拥有最完整的规章制度、最详细的职务管理说明，都不可能把每一名员工的任务和应做的每一件事都讲得清清楚楚。有时公司会有一些临时的事情分配下来需要做，并没有什么明确规定说这些事情应该由谁来做、谁可以不去做。如果被指派的人都说：“凭什么要我去？我又不是专门负责这项工作的。”那么可以肯定的是，这种斤斤计较、患得患失的人在一个组织里很难站稳脚跟。

在工作中，积极主动是员工应具备的重要素质。员工积极主动地工作可以提高自己的能力和素质，使自己变得更加优秀。一名在工作中积极主动的员工，不仅能赢得上司的器重与信赖，还会为自己创造改变命运的机会。

小李在一家德资公司打工。德国人历来是很传统的，给人以一种踏实严谨的感觉。外企工作几乎是白领的代言，当初小李为了能进入这家企业，不知做了多少准备、耗费了多少精力才挤了进去。可是现在的他对于那时的工作生活，留存的只有无限的向往了。

小李是个很有个性的人，认为拿别人的钱办事，只要在做工作的时候不被别人挑出毛病就算是万事大吉了，工作中即使有什么需要承担的责任也不会找到自己的。“各家自扫门前雪，不管他人瓦上霜”。话虽这么说，可是这却是工作中最忌讳的态度。

小李之所以现在只能对于外企生活心存向往，仅仅源于一件小事。

那是他们公司举行一个新产品推广会的前一天，德国老板把宣传新产品性能的介绍书的策划及装订任务交给了小李所在的部门，要求他们尽量赶在明天的推广会之前做完。小李看看时间，距下班只剩不到半个小时了，然而部门经理还是把他们各自的任务分配了下来。小李的任务就是把同事们打印完、排好顺序的材料装订在一起，很显然这是此项工作的最后一道程序。当同事们都在热火朝天赶工的时候，小李却极不情愿地想：“又要加班！而且这也不是我应该做的，凭什么做呀！这种事本来

雇佣一些高中毕业的人就能做，用我们这些高材生，真不知道老板是怎么想的！”一股莫名的抵触情绪涌上了心头。于是，他在同事们都忙碌的时候，依然假装还在忙自己的工作，事实上他正在看一份杂志。已经过了下班时间好一会儿了，这个任务才刚刚开始。

小李分到的项目是比较轻松的一道程序，只是把那些材料归拢整齐后订到一起就可以了。陆陆续续已经有整理好顺序的产品介绍送到了小

李面前,但这件事好像和小李根本没有关系似的,他并没有要动手的意思。经理这时走到小李跟前,发现小李根本不想做这件事,便很生气地对他说:“你如果觉得没必要做这些工作的话,我会满足你的要求,让你尽快摆脱这种束缚!”经理之所以生气,是因为介绍材料相当多,而且一定要赶在明天之前完成,小李这种“事不关己,高高挂起”的态度,实在是让人生气。

事情都是看起来容易做起来难,这就是所谓的“眼高手低”。小李受到警告以后,乖乖地丢下手里的杂志做了起来。做起来才知道这些事远远不如他想象的那么简单,把他这个“高材生”忙得不可开交。等其他的同事都把手上的工作忙完了,小李才刚装订了几本,离完成工作还相差甚远呢。在经理的发动下大家帮助小李一起做,任务很快就做完了。经理这样做并不是要帮小李,而是为了完成整体任务,这点小李很快就明白了。

展会开完的第二天,人事科经理就找到了小李,告诉小李给他一个月的准备时间,让他去重新找一份工作,显然公司是要辞退他了。看到小李将是被解雇的人,人事科经理便向他透露了真相:“老板一大早就找到了我,特别点名要解雇你。这其中的原因我也不清楚,老板好像很生气,嘴里不停地说着:‘像他这样的员工根本不适合在这个公司工作!’”小李马上就明白了,只能万分后悔地离开了这个他曾做白领的外企。

其实,每家公司的老板都是如此,拿人工资就要替人办事。当然对老板们来说,只要是在公司里,对于员工来说就不存在分外的事。

可能你会觉得这样不公平,手上虽然在做着“分外的事”,可心里却愤愤不平——为什么总是让我去做,又不给额外的奖励。也许这正是老板器重你的一面,或许他认为你做事比较麻利而且认真,事情交到你手里放心。这也许就是你的价值所在,没准老板是在考察你的做事能力和态度,准备要提升你呢!

多做分外事,对员工的成长来说也是大有好处的。首先,多做一些分外工作,会让自己收获良好的声誉,这是一种无形的财富,对将来的发展会有一个很好的帮助;其次,做分外的工作,会让你有更多锻炼机会,熟悉更多的业务,这对于自身的发展是很有好处的。不要害怕犯错,勇敢一点,主动一点!老板没让你做的事你也一样可以发挥自己的能力,成功地完成任务。

08 举手之劳,顺便做

对于很多人来说,工作中常常有许多简单、烦琐的小事。大量的工作也都是这些烦琐小事的重复。面对这些小事,有的人会显得不屑一顾,他们会问:“做好这些小事能有什么意义呢?”这些事人人都会做,也人人都能做!

我们经常会见到一些这样的员工:一群人围坐在一起聊天,公司的电话铃声此起彼伏,可就是没有人去理会。问之,则曰:“还没到上班时间,不处理业务。”或回答:“肯定是找某某的,反正不是找我的,接了还要费事儿!”其实当时离上班时间仅差几分钟了,他们只顾闲聊或者索性看杂志。若是赶上下班的时间,就更没人理会电话铃了!生怕接了会是一块“烫手的山芋”,因为这时候大部分会是老板来的,不是加班就是帮忙之类的额外任务。要不就是某位先生的太太,要求帮忙招呼一下某某……这些问题本来都是一些举手之劳的小事,但却能反映出员工们的素质。

举手之劳体现在员工对公司和企业是否有责任心,而员工的责任心又是企业的防火墙。许多企业“大厦”轰然崩塌,与员工的这点举手之劳的精神缺失有很大的关系。假如一个企业里的大部分员工,都没有这种举手之劳的责任心,那么这个企业肯定会举步维艰,还会时不时地因为员工的疏忽而出现一些“经济危机”，甚至会给公司造成巨大的损失和影响。

一家很知名的企业招聘管理人员，来了不少应聘者。这些应聘者看起来都比较优秀，一个个都显得精明干练而且都大有来头。可是不论名牌大学毕业的大学生，还是在职场上打拼了多年的“老油条”，都是满怀信心地进入面试室，垂头丧气、面带失望的出来。

更令人不解的是，几十位学历和经验都符合要求的应聘者，公司竟然也都没有录用，难道这个知名公司故弄玄虚，想要制造声势吗？

当所有的应聘者都面试完了以后，公司接待大厅里还有好多面试完的应聘者聚集着不愿离去，他们都想弄明白究竟为什么没有被聘上。

主考官看着这么多双渴望的眼睛，于是给大家做了细致的解释：“今天我们确实是想招聘一些合格的员工，事实上，你们每个人面试时回答的问题都是一样的——‘谈谈你对举手之劳的看法？’所有的应聘者说得都

很好，也有不少人提出很多实实在在的建议，可是你们有没有注意到在刚进公司接待室的时候，门口地上躺着的一把拖布？你们看看它是不是还

安然地躺在地上？只是位置稍微动了一下！可能是某位同志嫌它碍事踢了踢吧，到现在依然没有一位应聘者能自觉地把它拿起来放到合适的位置。这注定了你们每位应聘者刚刚踏入接待室的时候，就已经被公司拒之门外了。就算你把“举手之劳”这个话题说得天花乱坠，不动手实施永远都不能说明你们拥有“举手之劳”的品质！

现在已经有很多公司开始注意这点了：员工的“举手之劳”会给公司造成很大的影响。因此他们在招聘员工的时候，才会设计这么一个“局”，一是看看他们的观察力，更重要的是看看他们能不能自觉地完成这些不起眼的小事。

员工的“举手之劳”所体现出来的责任感，到底能不能给企业带来真正意义上的利益呢？我们不妨看看下面这个故事。

小林是千千万万个城市打工仔中的一员，他没有太高的学历，仅仅是初中毕业。农村出身的小林却有着一身的好品质。

如今做到部门经理的小林已是今非昔比了，他回忆起当年被老板提升的原因时，感慨万千地说：“其实我只是做了一些举手之劳的事情，没想到竟然被老板提升了，当时真是有点偶然。那还是刚来城市第二年的夏天，由于自己学历低，只能在工地上做些卖力气的活儿。有一天下起了大暴雨，我突然想到在工地上还有一大批新近运来的沙子摆着呢！保管员是一个上了年纪的老人，我想他现在肯定正忙着抢救那批沙子和别的没来得及盖上的东西呢！我就朝工地奔去了，果然那老人正很吃力地拽着一块大塑料布缓慢地移动着。毕竟保管员上了年纪而且那天的雨还很大，他一个人看起来有些吃不消。我赶紧跑过去和他一起忙活，老人也顾不上感谢我。当我们把沙子全盖上，一切易损的建筑原料也收起来的时候，老板开着车赶到了。看着我和老人浑身都湿淋淋的，而那些建筑材料却没有什么损失，他很高兴。当老板得知我就是这个建筑工地的工人，而且还是主动来帮忙的，老板对我夸奖了一番，还问了我的姓名，然后就离去了。没想到第二天工地负责人就找到了我，让我换件衣服跟着他去见老板。后来老板就不再让我做卖力气的活儿了,他将我升任为公司的质量监督,负责质量监督的事儿。老板还说我这样的工人他用着放心。然后我就一步步熬到了现在这个职位。”

小林的升迁是个偶然,也是必然,假如员工在对待公司的事情上都能顺手做一做的话,公司就会因此减少很多的麻烦和隐患,也会给别人带来很大的方便。把企业当做自己的家,把自己当做企业的主人,是主动自发工作精神对员工的高层次要求。员工一旦真正做到了这一点,就必然会形成自动自发的工作习惯,也就必然会创造优良的成绩,而能够创造优良业绩的员工,必然是不断被提升、不断走向成功的员工。

09　专注于自己的事业

成大事者都有一个共同的特点,那就是专注。因为专注,他们把有限的精力放在最重要的事情上,在一点上取得突破,从而最终赢得全部。没有专注的品质,整天朝三暮四,是不可能把事情做好的。

自信心和欲望是构成成功“专注”的主要因素。没有这些因素,是无法打开成功之门的,因为他们缺乏自信心,而且没有什么特别的欲望,也就丧失了成就大业的动力。

当你要专心致志地集中你的思想时,就应该把你的眼光望向一年、三年、五年,甚至十年后,幻想你自己是这个时代最成功的人士。在想象中假设你有相当不错的收入;假想你拥有自己的房子,自己的名车,那是你通过自己的努力实现的;假想你在银行里有一笔数目可观的存款,准备将来退休养老之用;想象你自己是位极有影响的人物,因为你是位杰出的实业家;假想你自己正从事一项永远不用害怕失去地位、也不用担心金融危机的工作。

但是，你一定要记住，所有这一切的前提是——你必须专注于你的事业。

有一本在中国一度非常流行的书，叫《邮差弗雷德》，讲述了一个美国邮差弗雷德的故事，他认真负责的工作态度得到了很多人的赞赏。其实，我们中国的邮差丝毫不比他逊色，只是我们没有用心发现。

2005 年度“感动中国人物”中的王顺友，就是这样一个人物。他是木里藏族自治县邮政局的一个普通的苗族邮递员，一个 20 年来每年都有 330 天以上独自行走在马班邮路上的邮递员，一个在雪域高原跋涉了 26 万千米、相当于绕地球赤道 6 圈的普通的平凡的人。

把平凡艰苦的工作融进伟大的事业，在平凡的岗位上做出不平凡的事，这就是普通的王顺友。

王顺友在异常艰苦的条件下，牢记自己的使命和职责，20 多年如一日，忠诚履行一个邮政工作者的职责，从没有延误过一个班期，没有丢失过一份邮件，投递准确率达 100%。

他没有豪言壮语，没有惊天动地的壮举，有的只是一桩桩、一件件极其普通、极其平常，但对大山里的群众来讲却极为重要的小事。这些小事汇集起来就集中体现了“马班邮路”战胜困难、勇往直前的艰苦奋斗精神，体现了他们牢记使命、尽职尽责的忠诚敬业精神。

我想，王顺友最能感动世人之处，恰恰在于他的平凡本色——他是一个真正与普通群众“零距离”的模范。他既不是领导干部，又不是博士专家，甚至连一个村子、一个生产班组的“带头人”都不是。他的工作没有太高的技术含量，只是翻山越岭去送信，但一送就认认真真地送了 20 年。

与那些放弃国外高薪礼聘毅然回国的人不同，王顺友接父亲的班当上乡邮递员并得到一份稳定收入，除此之外没有更多的改善自己经济条件的人生机遇。王顺友坦言：“我干的是苦差，挣的是苦钱。”面对人生的艰辛，他别无选择，但他敢于面对、勇于负责。为保护邮包，他曾与劫匪横刀对峙，他曾纵身跳入洪水急流。这些在别人看来的英雄行为，在王顺友眼里只不过是一个本分的人在做分内的事。

王顺友不是不食人间烟火的圣人，而是一个平凡的不能再平凡的人。但是，正是在这种平凡中我们看到了伟大。

只要你相信自己办得到，你就能够办得到。

有一位先生发现自己患了一般人所说的“健忘症”，于是变得心不在焉，记不住任何事情。现在，引用他的话，让你明白他是如何克服这种障碍的：

“我已经50岁了。十年来，我一直在一家大工厂担任某个部门的经理。起初我的职务很轻松。接着，公司迅速扩大业务，使我增加了额外的责任。我那一部门的几位年轻人已经表现出不寻常的精力与能力——他们之中至少有一位企图取得我的职位。

“像我这种年龄的人大都希望过舒适的生活，而且，我在公司已服务过很长的一段岁月了，因此，我觉得我大可以轻轻松松地工作，安心地在公司待下去。但这种心理态度几乎使我失掉了我的职位。大约两年前，我开始注意到，我专心工作的能力已经衰退了，我的工作变得令我心烦。我忘记处理信件，直到后来，桌上的信堆积如山，令我看了大吃一惊。各种报告也被我积压下来，使我的部属大感不便。我人虽然坐在办公桌前，但脑中却想着别处。

“其他的情形也都显示出，我的心思并没有放在工作上。我忘了参加公司一个重要的主管会议。我手下的职员发现我在估计货物时犯了一个很严重的错误，当然，他也设法让总经理知道了这件事。

“对于这种情形我真是惊讶万分。于是我请了一个星期的假，希望把这种情形好好想一想。我在一处偏远山区的度假别墅内严肃地反省了几天，使我深信自己是患了健忘症。我缺乏专心工作的力量，我在办公室的肉体及心理活动变得散漫无目的。我做事漫不经心、懒懒散散、粗心大意，这完全是因为我的思想未放在工作上的缘故。我在诊断出我的毛病

之后，就努力寻求补救之道。我需要培养出一套全新的工作习惯，我决心要达到这个目标。

“我拿出纸笔，写下我一天的工作计划。首先，处理早上的信件，然后，填写表格、口授信件、召集部属开会、处理各项工作。每天下班之前，先把办公桌收拾干净，然后离开办公室。

“我在心里问自己：‘如何培养这些习惯呢？’获得的答案是：‘重复这些工作。’在我内心深处的另一个人提出抗议说：‘但是，这些事情我已经一而再，再而三地做过几千次了。’我心中的声音回答说：‘不错，但是，你并未专心从事这些工作。’

“我回去上班，立即把我的新工作计划付诸实施。我每天以同样的兴趣从事相同的工作，而且尽可能地在每天的同一时间内进行相同的工作。当我发现我的思想又开始想到别处时，我立刻把它叫了回来。

“利用我的意志力创造出的一种心里的刺激力量，使我不断地在培养习惯方面获得进步。后来，我发现，我每天虽然做同样的事情，但却感到很愉快，这时，我知道我已经成功了。”

“专心”本身并没有什么神奇，只是控制注意力而已。

一个人只要集中注意力，就能调整自己的思想，使它能接受空间的所有思想波。这样,整个世界都将成为一本公开的书籍,供你随意阅读。

甚至在一种极特别的情形之下,只要我们能找着另一个专心的对象,我们仍是能保持泰然的态度的。如果一个人十分专心于他的工作,他甚至会忘记周围人的存在,而倾全力于自己正在做的事。

专心想到自己是不能增加做事的效率或减少自我感觉的,专心想到工作却能做到。

第六章

责任体现在每一个细节之中

细节是成就大事的关键，没有细节，就不会成就大事。以大事作为志向，接下来的就是慢慢地前进。在你前进的路上，会遇到许多的问题，你必须学会处理它们。在小事情下工夫，把它们做得很仔细的话，就会在大事上成就自己。

01　负责任就是要从细节做起

细节决定成败，是众所周知的一句话。事实上，细节不仅仅对于我们的成败有着非常重要的作用，我们的工作充满着无数小的细节问题需要解决。俗话说：“一招不灵，满盘皆输。”对我们员工重要的两个字就是“细节”。

乌鲁木齐一家做对外出口贸易的公司，好不容易将一个大的订单抢到手里，时间紧任务重，所有的人都加班加点地干，终于在规定的时间内完成了任务。大家都松了口气。可是，商品刚运到，对方就打来了一个电话，气急败坏地对他们的工作责备不休。原来，这些产品的质量并没有问题，但在包装上却出了问题。那个厂的厂址本来是“乌鲁木齐某厂”，由于当时大多数人只是把重点放在了赶制产品上，却没有仔细审查外包装，结果“乌鲁木齐”被印成了“鸟鲁木齐”。虽然只有这一点没有做到位，但却毁了整个厂的声誉，损失惨重。

老子曾说：“天下难事，必做于易；天下大事，必做于细。”他精辟地指出了想成就一番事业，必须从简单的事情做起，从细微之处着手。

东京一家贸易公司有一位小姐专门负责为客商购买车票。她常给德国一家大公司的商务经理购买来往于东京、大阪之间的火车票。不久，这位经理发现一件趣事：每次去大阪时，座位总在右窗口，返回东京时又总在左窗边。经理询问小姐其中的缘故。小姐笑答道：“车去大阪时，富士山在您右边，返回东京时，富士山已到了您的左边。我想外国人都喜欢富士山的壮丽景色，所以我替您买了不同的车票。”就是这种不起眼的细心事，使这位德国经理十分感动，并促使他把对这家日本公司的贸易额由400万马克提高到了1200万马克。他认为，在这样一个微不足道的小事上，这家公司的职员都能够这么负责，想得这么周到，那么，跟他们做生意还有什么不放心的呢？

细节既能创造正效益，也会产生负效益。我们再来看看下面这个在西方流传甚广的故事：

1485 年，英国国王查理三世准备和兰凯斯特家族的亨利决一死战，以此决定由谁来统治英国。

战斗打响之前，查理派马夫装备自己最喜欢的战马。

马夫发现马掌没有了，于是，他对铁匠说："快点给它钉掌，国王希望骑着它打头阵。"

"你得等一等，"铁匠回答，"前几天，因给所有的战马钉掌，铁片已经用完了。"

"我等不及了。"马夫不耐烦地叫道。

铁匠埋头干活，从一根铁条上弄下可做四个马掌的材料，把它们砸平、整形，固定在马蹄上，然后开始钉钉子。然而钉了三个马掌后，他发现没有钉子来钉第四个马掌了。

"我缺几个钉子，"铁匠说，"需要点儿时间来砸两个。"

"我告诉过你我等不及了。"马夫急切地说。

"没有足够的钉子，我也能把马掌钉上，但是不能像其他几个那么牢固。"

"能不能挂住？"马夫问。

"应该能，"铁匠回答，"但我没有把握。"

"好吧，就这样。"马夫叫道。

于是，铁匠便凑合着把马掌挂上了。

很快，两军交战了。查理国王冲锋陷阵，鞭策士兵迎战敌军。突然，一只马掌掉了，战马跌倒在地，查理也被掀翻在地上。受惊的马跳起来逃走了，国王的士兵也纷纷转身撤退。亨利的军队包围了上来。

查理在空中挥舞宝剑，大喊道："马！一匹马，我的国家倾覆就因为这

一匹马啊!”

于是,从那时起人们就传唱这样一首歌谣:“少了一个铁钉,丢了一只马掌;少了一只马掌,丢了一匹战马;少了一匹战马,丢了一位统帅;少了一位统帅,败了一场战役;败了一场战役,失了一个国家。”

差之毫厘,谬以千里。一个帝国的存亡竟由一颗小小的钉子决定,这是一个深刻而耐人寻味的教训。所以不要小看细节的作用,有的时候他的确能够给我们的生活和工作带来意想不到的结果。

细节决定成败,绝对不是一句夸张的话。从小事上严格要求,对“简单”认真的重复,并持之以恒,绝不是轻易就能做到的。不仅需要我们强烈的责任心,还需要我们有耐心。

02 尊重自己的工作

不要轻视自己所做的每一项工作,即便是普通的工作,每一件事都值得你去做，值得你全力以赴，尽职尽责，认真地完成。

在极其平凡的职业中、在极其低微的岗位上，往往蕴藏着巨大的机会。只要把自己的工作做得比别人更完美、更迅速、更正确、更专注，调动自己全部的智力，从旧事中找出新方法来，就能引起别人的注意，自己也会有发挥本领的机会，实现心中的目标。

不要看不起自己的工作，如果我们不仅仅把工作当成一份获得薪水的职业，而是把工作当成是用生命去做的事，我们就可能获得自己所期望的成功。如果你认为自己的劳动是卑贱的，那你就犯了一个巨大的错误。

有一个穷得家徒四壁的三口之家，儿子瘦得皮包骨头，爸爸妈妈只好带着孩子到街口乞讨。然而一整天的乞讨没带来丝毫收获，小孩快饿晕过去了。爸爸妈妈非常着急，他们用比祈祷更虔诚的心央求上帝拯救他们的儿子。于是，上帝派遣使者来到他们身边。使者对这一家三口说，我可以为你们每人实现一个愿望，这家人听了将信将疑。先是孩子的妈妈迫不及待地对使者说："我要一整车的面包，让我的儿子吃得饱饱的！"话音刚落，眼前便真的出现了一车面包。孩子的爸爸先是非常惊奇，转而又怒火中烧——不断抱怨妻子没头脑,浪费这么好的机会只换来了一车不值钱的面包。当使者问他有什么愿望时,他愤怒地说:“我不要这些廉价面包,请把这笨女人变成一头蠢猪!”刚说完,孩子的妈妈果真变成了一头猪,面包也突然消失了。这可把孩子吓坏了,他看着眼前的“猪”不住地伤心哭泣,小男孩赶紧哭着对使者乞求:“求求您,我不要猪,我要妈妈!”瞬间,妈妈又真的变回来了。使者很无奈地说:“我已给了你们希望了,但是,你们因为抱怨把机会全浪费了。”说完,使者就消失了。一家三口又回到了之前的状态,没有面包,没有猪,孩子饿得直哭。

与其抱怨别人,不如宽容别人,让别人的思路慢慢地跟上你;不如自己踏实工作。抱怨别人的人通常不会是一种心胸很开阔的人,他们总是对别人的工作错误进行不断地指责,却从不想想如果换做是你,你会做得很好吗?

有许多人认为自己所从事的工作是低人一等的。这一现象,在一些刚走出校园的年轻人身上尤为突出。他们身在其中,却无法认识到自己的价值,只是迫于生活的压力而劳动。轻视自己所从事的工作,自然无法投入全部身心,于是他们在工作中敷衍塞责、得过且过。这样的人在任何地方都不会有所成就。

所有正当合法的工作都是值得尊敬的。只要你诚实地劳动和创造,没有人能够贬低你的价值,关键在于你如何看待自己的工作。那些只知道要求高薪,却不知道自己应承担责任的人,无论对自己还是对企业,都是没有价值的。

也许某些行业中的某些工作看起来并不高雅,工作环境也很差,难以得到社会的承认,但是请不要无视这样一个事实:有用处才是伟大的真正尺度。在许多年轻人看来,公务员、银行职员或者大公司白领才称得上是绅士,一些人甚至愿意等待漫长的时间,去谋求一个公务员的职位。但是,同样的时间他完全可以通过自身的努力,在现实的工作中找到自己的位置,发现自己的价值。

如果一个人轻视自己的工作，将它当成低贱的事情，那么他绝不会尊敬自己。因为轻视自己的工作，所以备感工作艰辛、烦闷，自然工作也不会做好。当今社会，有许多人不尊重自己的工作，不把工作看成创造一番事业的必由之路和发展人格的工具，而视为衣食住行的供给者，认为工作是生活的代价，是无可奈何、不可避免的劳碌，这是多么错误的观念啊！

那些轻视自己工作的人，往往是一些被动适应生活的人，他们不愿意奋力崛起，努力改善自己的生存环境。他们不喜欢商业和服务业，不喜欢体力劳动，自认为应该活得更加轻松，应该有一个更好的职位，工作时间更自由。他们总是固执地认为自己在某些方面更有优势，会有更广阔的前途，但事实上并非如此。

许多年前，一个妙龄少女来到东京帝国酒店当服务员，这是她涉世之初的第一份工作，也就是说她将在这里正式步入社会，迈出她人生第一步。因此她很激动，暗下决心：一定要好好干！没想到上司竟然安排她洗厕所！

洗厕所！实话实说没人爱干，何况她从未干过粗重的活儿，细皮嫩肉，喜爱洁净，干得了吗？洗厕所时在视觉上、嗅觉上以及体力上都会使她难以承受，心理暗示的作用更是使她忍受不了。当她用自己白皙细嫩的手拿着抹布伸向马桶时，胃里立马“造反”，翻江倒海，恶心得几乎要呕吐，太难受了。而上司对她的工作质量要求很高：必须把马桶洗得光洁如新！

她当然明白“光洁如新”的含义是什么，她当然更知道自己不适应洗厕所这一工作，真的难以达到“光洁如新”这一高标准的质量要求。因此，她陷入困惑、苦恼之中，也哭过鼻子。这时，她面临着这人生第一步怎样走下去的抉择：是继续干下去，还是另谋职业？

正在此关键时刻，同单位一位前辈及时地出现在她面前，帮她摆脱了困惑苦恼，帮她迈好这人生第一步，更重要的是帮她认清了人生路应该怎样走。但他并没有用空洞理论说教，只是亲自做个样子给她看了一遍。

首先，他一遍遍地抹洗马桶，直到抹洗得光洁如新。然后，他从马桶里盛了一杯水，一饮而尽，竟然毫无勉强。实际行动胜过万语千言，他不用一言一语就告诉了少女一个极为朴素、极为简单的真理：光洁如新，要点在于“新”，新则不脏，因为不会有人认为新马桶脏，也认为马桶中的水是不脏的，是可以喝的；反过来讲，只有马桶中的水达到可以喝的洁净程度，才算是把马桶抹洗得“光洁如新”了，而这一点已被证明可以办得到。

同时，他送给她一个含蓄的、富有深意的微笑，送给她一束关注的、鼓励的目光。这已经够用了，因为她早已激动得几乎不能自持，从身体到灵魂都在震颤。她目瞪口呆，热泪盈眶，恍然大悟，如梦初醒！她痛下决心：就算一生洗厕所，也要做一名洗厕所最出色的人！

从此，她成为一个全新的、振奋的人，她的工作质量也达到了那位前辈的高水平，当然她也多次喝过马桶里的水，为了检验自己的自信心，为了证实自己的工作质量，也为了强化自己的敬业心。她很漂亮地迈好了人生第一步。从此，她踏上了成功之路，开始了她不断走向成功的人生历程。

几十年光阴一瞬而过，后来她做了日本政府的主要官员——邮政大臣。她的名字叫野田圣子。

小任务顺利完成，有利于你对大任务的成功把握。一步一个脚印地向上攀登，便不会轻易跌落。通过认真工作，你就不会再有劳累辛苦的感觉，而获得别人和老板认可的秘诀，就蕴藏在其中。

03 做好自己的工作

其实,成为职场中出类拔萃的一员并不难。每个人的面前都有很多条路,踏上其中的任何一条,你都可以如愿以偿,到达"成功的罗马"。比如做好自己的工作。而能够做好自己的工作,是其中最重要的一条。

曾经看到这样一则招聘广告:"某大型国有企业招聘档案管理员,工作强度不大,但要求尽职尽责。"事实上,不仅档案管理员,所有的职业、工作都要求员工尽职尽责,把工作做好。

每个老板都喜欢具有职业精神的员工,那么当你得到一份工作时,你的第一步行动就是努力做好自己的工作。也只有如此,你才会得到老板的认可。

如今很多人,尤其是年轻人,只知道盼望自己能够升职甚至飞黄腾达,以此来获得更多的物质财富,但并没有意识到这些都是建立在认真做好自己工作的基础上的。只有全力以赴、尽职尽责地做好目前的本职工作，哪怕是极其平凡、极其低微的岗位，才能使自己逐渐地获得价值的提升。试想，一个连本职工作都做不好的人，如何得到老板的信任和认可，如何让他做出能够提拔你、重用你的决定？

如果你想得到升职或加薪，首先要做的就是要熟悉公司的一切，对于公司及所从事的工作有个全局性的认识。其中包括公司的目标、公司的使命、组织结构、销售方式、经营方针、工作作风等等，尽量使自己像老板一样了解自己所在的公司。熟悉公司的一切是做好本职工作的基础，打下这个基础才可以使你的工作干得更出色，甚至超出老板的期望。

整个公司是一个大机器，每个零件的作用都是不一样的。你在整个机器上是一个什么位置，自己应该清楚。如果你是一家超市的营业员，与你最直接打交道的一是顾客，二是商品。所以，你的工作是管理好商品，留住顾客，让他成为你们永久的“上帝”。如果你不清楚商品的种类、商品摆放的位置、商品还有多少库存以及这种商品是否畅销，那么这就是你的失职。

只有当我们在工作中做到尽职尽责时，才能够把工作做得更好，才能更好地体现自己在工作和生命中的价值。

大连有一名公交车司机在行车途中突发心脏病，在生命的最后一分钟里，他做了三件事：

第一，把车缓缓地停在马路边，并用生命的最后力气拉下了手动刹车闸；

第二，把车门打开，让乘客安全地下了车；

第三，将发动机熄火，确保了车、乘客和行人的安全。

他在做完了这三件事后，便安详地趴在方向盘上停止了呼吸。这名司机叫黄志全，因为他在工作中的尽职尽责，所有的大连人都记住了他的名字。

工作就意味着责任，工作需要我们去尽职尽责地完成！社会学家戴维斯说：“放弃了自己对工作的责任，就意味着放弃了自身在这个社会中更好的生存机会。”

认真、负责、高质量地做好自己的工作，才有可能得到老板的认可，进而在职业发展的阶梯上不断攀升。

04 工作中无小事

美国旧金山一位商人给一个萨克拉门托的商人发电报报价：

“1万吨大麦，每吨400美元。价格高不高？买不买？”

萨克拉门托的商人回电报，原意是要说：“不。太高。”可在电报里却漏掉了一个句号，就成了“不太高”。

结果，这一下就损失了上千美元。

粗心的危害是巨大的，马马虎虎、敷衍了事，足以让一个百万富翁很快倾家荡产；相反，做事认真，会让一个人的成功之路少许多波折。

建筑大师密斯·凡·德罗，在被要求用一句话来描述他成功的原因时，概括说：“魔鬼藏于细节。”他反复地强调，如果对细节的把握不到位，无论你的建筑设计方案如何恢弘大气，都不能称之为成功的作品。可见对细节的作用和重要性的认识，中外共见。

认真观察你就会发现，那些成功者及伟人都是注意细节的人，只有注意细节，方可成为天才。

把每一件简单的事做好就是不简单，把每一件平凡的事做好就是不平凡。敬业者心中无小事，他们相信：简单的招式练到极致就是绝招，简单与平凡的小事更能磨出敬业的“快刀”。

所罗门说过：万事皆因小事起。无论做什么事情，细节万万不可忽视，否则就有可能付出极其惨痛的代价。

汤姆·布兰德开始只是福特汽车公司一家制造厂的杂工，然而，他不到30岁就成为公司最年轻的总领班。应该说，在有着“汽车王国”之称的福特汽车公司里，这么快就能升到这个职位，是非常不容易的。他是凭借什么取得这样的成绩呢？

20岁时，汤姆·布兰德进入工厂。他想，如果自己想要在汽车制造这一行业做出一番成绩，首先必须对汽车制造的全部过程有深刻的了解和认识。因此，他主动要求从最基层的杂工做起。

在福特汽车公司里，杂工不属于正式工人，也没有固定的工作场所，哪里有活儿就要到哪里去。但正是因为有了这样的工作，汤姆有了更多与各部门接触的机会，也加深了他对各部门工作的了解和认识。

一年半以后，汤姆申请调到汽车椅垫部工作。不久，他就把制椅垫的技术全学会了。然后他又相继申请调到了点焊部、车身部、喷漆部、车床部等部门。就这样，在不到三年的时间里，他几乎把各个部门的工作都做过了。

当有人问他为什么这样做时，他回答道：“我想做的可不仅仅是某一部门的小工头。我是以能胜任管理整个工厂为工作目标，所以必须花点时间了解所有的生产过程。我现在正花时间做最有意义的事。我要学的，不仅仅是一个汽车椅垫如何做，而是整辆汽车是如何制造的。”

最后，他又申请到装配线上去工作。由于有了在其他部门的工作经历，他懂得各种零件的制造情形，也能分辨零件的优劣，这样就大大提高了他的装配工作效率。不久，他就成了装配线上最出色的员工。

很快，汤姆·布兰德就晋升为领班，后来又逐步晋升为15位领班的总领班。

成功没有电梯，只有阶梯，需要一步一步往上爬。汤姆·布兰德正是因为不轻视小事、不放弃工作中的每一个细节，有计划、有目的地做好小事，把小事做好，才架起了通向成功的阶梯。

希尔顿饭店的创始人、世界旅馆业之王康·尼·希尔顿就是一个注重“小事”的人。康·尼·希尔顿要求他的员工：“大家牢记，万万不可把

我们心里的愁云挂在脸上！无论饭店本身遭到何等的困难，希尔顿服务员脸上的微笑永远是顾客的阳光。”正是这永远的微笑，让希尔顿饭店遍布世界各地。

其实，每个人所做的工作都是由一件件小事构成的。士兵每天所做的工作就是队列训练、战术操练、巡逻、擦拭枪械等小事；酒店服务员每天的工作就是对顾客微笑、回答顾客的提问、打扫房间、整理床单等小事；你每天所做的可能就是接听电话、整理报表、绘制图纸之类的小事。你是否对此感到厌倦，觉得毫无意义而提不起精神？你是否因此而敷衍应付，心里有了懈怠？这不能成为你漠视责任的理由。成功需要对自己的业务精通，而精于自己的业务则是一个日积月累、持续不断的过程。工作中，没有任何一件小事，小到可以被抛弃，没有任何一个细节，细到可以被忽略。一个人只有把将小事做好做细的工作态度培养成一种习惯，才能练就用细节功夫衍变出来的绝招，才能以精湛的专业技能赢取成功。

05 追求完美，拒绝平庸的工作结果

美国著名作家威廉·钱宁说:“劳动可以促进人们思考。一个人不管从事哪种职业,都应该尽职尽责,尽自己最大努力力求不断地进步。只有这样,追求完美的念头才会在我们的头脑中变得根深蒂固。”

有一天,一位罗丹的崇拜者去拜访罗丹,罗丹热情地接待了他,并带他参观绘画工作室。

工作室很简朴,里面是大大小小的雕像。罗丹走到一座女神像前,对崇拜者说:“这是我近期的作品。”

“非常完美!”崇拜者赞叹道。罗丹却毫无反应,只见他正皱着眉头,根本没有听到的样子。“肩部的线条粗了一些。”罗丹自言自语地说,一边说一边拿起刮刀和木刀片轻轻地修改起来,动作非常谨慎,好像他手下是一个有生命的女神,稍有不慎就可能让她受伤似的。好一阵后,罗丹又

歪着头审视。“还有这儿……这儿……”他一面自言自语，一面不停地修改，表情像一个孩子，一会儿舒心地笑，一会儿又眉头紧锁。时间一点一点过去了，崇拜者已经站得腰酸背痛了，可他没地方可坐，也不好意思坐下来。

两个多小时过去了，罗丹终于舒了最后一口气，满意地把杰作欣赏一番，然后盖上湿布，愉快地向门口走去。这时，他发现了他的崇拜者，先是一愣，然后猛地想起是自己带他进来的，立即显得很抱歉，一个劲儿地说“对不起”。

这件事对那位崇拜者触动很大，他只是站着，什么也没有做，尚且感觉到累得受不了，而罗丹站着工作了两个多小时，却丝毫没有倦意，尽管他的工作是那样辛苦。

成功的人绝对不会以平庸的表现自满，而且他们不管做什么事情，必然都会全力以赴，追求完美。

一天，燕京啤酒的质检组组长陈丽丽在生产车间巡视。

也许你会感到奇怪，质检组组长为什么到生产车间巡视？那不是越俎代庖吗？

其实，这就是陈丽丽的工作特点。陈丽丽在担任质检工作之前曾在车间担任操作工，她比别人更了解产品质量最容易出问题的环节，所以她从源头开始，摸索另一套更为行之有效的质量控制方法，也就出现了质检组组长深入车间的情况。

这一天，她在巡视时，注意到有一台机器的运转速度不太稳定，而操作工仍然在继续生产操作。经验和直觉告诉陈丽丽，这台机器的转轴内芯出现了较严重的磨损，必须停机检修，否则，生产出的产品就很有可能出现质量问题。

严格从源头把关的陈丽丽立刻让该操作工停止操作、停机检修，但操作工却面露难色：“陈姐，不能停啊，这批货赶得特别急，好像订货商已经催了好几次了，上面下命令明天必须交货，否则会扣奖金的。这台机器原来也出过这个毛病,对质量不会有太大影响的。”

听了这话,陈丽丽耐心地对操作工说:“小郭啊,这台机器必须检修。如果因为机器的原因而造成质量问题,你知道那样的影响会有多坏吗?消费者买了咱们的啤酒,如果喝着味道有问题,肯定不会再买了,我们与经销商之间的合作也会受到很大的影响,到那时,也许不会再有‘赶活’的任务,因为根本就没活干了,奖金就更不用提了。而且,我们生产的产品是要对消费者负责的呀,我们为什么不将隐患消灭在自己手里,而交给别人去检验呢?你要知道,由市场来检验的话,结果只能有两种:受欢迎或被拒绝,而这两者的区别,就取决于我们对质量的把关啊!你说是不是?”

听了陈丽丽合情合理的解释,这名操作员听从了陈丽丽的意见,将机器停下来进行检修,从而遏制了又一个质量隐患的发生。

陈丽丽是追求完美、拒绝平庸的典范,她身为质检组组长却承担了超过她本质工作的责任,并坚持将它做到完美,显然,在老板眼中,她是一位优秀的职员,工作交给她,很放心。

一位作家曾经这样说过:“无论做什么事情,都应该尽心尽力、一丝不苟,因为究竟什么才是真正事关大局,什么才是最重要的,这一点其实我们并不清楚。也许,在我们眼里微不足道的细节,实际上却可能生死攸关。”美国金融家斯蒂芬·吉拉德几乎就是追求完美的化身,凡是他颁布的命令都必须严格执行,不能有丝毫违背。他有一句广为人知的名言:“我们要的,不是做得很不错,而是做得没有任何一点儿错。”

06 举荐贤能，积聚人才

有责任感的人是能够举贤荐能的人。

人才意识是一种大局意识。不谋全局者，不足以谋一域；不谋万世者，不足以谋一时。谋一域，当谋全局，谋全局，必重人才。“事必有非常之人，然后有非常之事；有非常之事，然后有非常之功。”实现组织的目标，需要有优秀的人才，因此更需要员工能够举荐优秀人才。只有这样才能够形成广纳群贤、人尽其才、能上能下、充满活力的用人机制，把优秀人才集聚到组织中来，这才是大局意识的体现。以大局意识看人才，处处有人才；以大局意识用人才，事事见人才。

历史上举荐人才的故事流传得有很多：伯乐举荐九方皋，祁黄羊举荐解狐和祁午等。

伯乐举荐九方皋讲的是在伯乐暮年之时，有一回秦国国君秦穆公召见他时问他说：“您的年纪也很大了啊！在您的后辈人中有谁能够继承您寻找千里马呢？”伯乐回答道：“我的儿子们都是才能低下的人，对于好马的特征，我可以告诉他们，对于千里马的特征，那只能意会，不可言传，仅凭他们相马的经验来判断，他们是无法掌握的。不过，在过去同我一起挑过菜、担过柴的人当中，有一个名叫九方皋的人，他的相马技术并不比我低，请大王召见他吧。”秦穆公便召见了九方皋，派他到各地去寻找千里马。后来九方皋到各处寻找了三个月后，回来报告说：“我好不容易为大王您寻找到了一匹千里马。不过，那匹千里马眼下正在沙丘。”秦穆公问：“那是匹什么样的马呢？’九方皋回答：“那是一匹黄色的母马。”秦穆公于是派人去看，看到的却是一匹黑色的公马。秦穆公知道后很生气，就把伯乐叫来，对他说：“你还有什么话说呢？太不中用啊！你推荐的人连马的

毛色与公母都分辨不出来，又怎么能找到千里马呢?”于是伯乐长叹一声说道:“想不到他识别马的技术竟然高到这种地步了啊！像九方皋看到的，是马具有的精神和机能，他看马时，眼里只看到了马的特征而不着马的皮毛，注重它的本质，去掉它的表象。九方皋相马的价值，远远高于千里马的价值!”等到把那匹马从沙丘那地方牵到秦穆公和伯乐面前时，大家才发现果然是名不虚传、天下少有的千里马。

伯乐能举荐九方皋，而不从他的儿子中选一个人来推荐给国君已经是十分有责任感的表现了。当国君说伯乐举荐不力，伯乐居然能够一下子洞察天机，证明了他对九方皋的了解，这更是有责任感的表现。把自己十分熟悉的人才推荐给组织更显个人的尽职。

祁黄羊举荐解狐和祁午讲的是晋平公在位时，一次，南阳县缺少个县令，于是平公问大夫祁黄羊，谁担任这个职务合适。祁黄羊回答说:“解狐可以。”平公听了很惊讶，说:“解狐不正是你的仇人吗?”祁黄羊答道:“您是问我谁担任县令这一职务合适，并没有问谁是我的仇人。”于是平公派解狐前去任职。果然不出祁黄羊所料，解狐任职后，为民众做了许多实事、好事，受到南阳民众的拥护。又有一回，朝廷需要增加一位军中尉，于是平公又请祁黄羊推荐。祁黄羊说："祁午合适。"平公不禁问道："祁午是你的儿子，难道你就不怕别人说闲话吗？""您是要我推荐军中尉的合适人选，而没有问我儿子是谁！祁黄羊十分坦然。平公接受了这个建议，派祁午担任军中尉的职务。结果祁午不负所望，干得也非常出色。孔子听了后感慨道："祁黄羊推荐人才，对外不排斥仇人，对内又不回避亲生儿子，真是大公无私啊！"

内举不避亲，外举不避仇，不从个人私利出发为组织举荐人才，才是对组织绝对有责任感的表现。

虽然每一位老板都希望自己的员工精明强干，能独当一面，但个人的表现优秀并不一定就能被老板委以重任。"一花独放不是春，百花齐放春满园。"如果你像一只发现了远处有一片鲜花的蜜蜂那样，不肯将花源告诉你的同伴，只顾自己采花，那么，你酿的蜜再多，也多不过一群蜜蜂酿的蜜！

07 全力以赴做好每一件小事

从每一件小事做起，把每一件事情都做到最好，这是现代企业对每一位员工的要求。一名做事总是觉得"差不多"就行的员工，其背后隐藏的是责任心的消亡和进取心的缺失。

有一家学校招聘教师，经过一轮竞争之后，只剩下几位应聘者，校方决定通过试讲来从他们中选择一位。

在讲课前，这几位试讲者都做了精心的准备。铃声响了，应聘者分别微笑着走上了讲台，互相致意后，便导入新课，讲授正文。最后，轮到一位年轻人，由于紧张，他事先设计好的许多环节都没有实施，学生们的反应也很平淡。

讲完之后，这位年轻人有些心灰意冷，他感觉自己和其他竞争者相比根本没有留下来的可能。谁知，第二天他却接到了录取通知。

惊喜之余，他问校长为什么会选中他。“说实话，论那节课的精彩程度，你确实稍逊一筹。”校长微笑着说，“不过，在课堂提问时，你叫的是学生的名字，而他们都叫学号或用手指。试想，我们怎能录用一个不愿去了解和尊重学生的教师呢？”

努力记住学生的名字，在讲课时叫学生的名字而不是学号或用手指，这虽然是一件小事，却反映了讲课者对学生的尊重。

不积跬步，无以至千里。不积小流，无以成江海。每一件事情，每一份工作，每一本人生大书都是由小事所积累的，因此我们绝不能采取敷衍应付或轻视懈怠的态度。很多时候，一件看起来微不足道的小事，或者一个毫不起眼的变化，却能实现工作中的一个突破，甚至改变商场上的胜负。所以，对每一个变化、每一件小事我们都要全力以赴地做好。

阿基勃特是美国标准石油公司的一名小职员，他在出差时，每一次住旅馆都会在自己签名的下方写上“每桶标准石油4美元”的字样，连平时的书信和收据也不例外，只要签名就一定会写上那几个字。因此，同事们给他起了个“每桶4美元”的外号。渐渐地，他的真名倒没有几个人叫了。

公司董事长洛克菲勒先生听到这件事后十分惊奇,心里想:“竟有如此努力宣传自己公司声誉的职员,我一定要见见他。”于是,他邀请阿基勃特共进晚餐。后来,洛克菲勒先生卸任后,阿基勃特成了第二任董事长。

在签名的时候,署上“每桶标准石油 4 美元”,这是一件非常小的事,严格来说,它并不在阿基勃特的工作范围之内,但他全力以赴地一直坚持着,并把它做到了极致。尽管遭到了许多人的嘲笑,他也没有放弃。在嘲笑他的那些人中,肯定有不少人的才华和能力在他之上,可是最后,只有他成了董事长。

很多人轻视小事,认为小事不值得做,因此为自己的工作留下了隐患。

林华几年前在一家营销策划公司工作,当时有一位朋友找到他,说他们的公司想做一个小规模的市场调查。这个朋友对他说:“这个市场调查很简单,我自己找两个人完全就能做。你去把业务接下来,我去运作。最后的市场调查报告由你把关,然后分你一笔收入。”

这的确是一笔很小的业务,没什么大的问题。市场报告出来后,林华也很明显地看出了其中的水分,但他只是做了些文字上的加工改动,就把它交了上去。

几年过去了,有几位朋友和林华组成了一个项目小组,决定一块完成北京新开业的一家大型商城的整体营销策划方案。不料,对方的业务主管明确提出对林华的印象不好,要求他退出。原来,此人正是当年的那个小型市场调查项目的委托人。

工作一定要仔细、认真。特别是小事情,要很认真地看待,细心、扎实地处理好每一个环节和细节,一丝不苟地去完成它。只有这样,你才能借助“平凡小事”来推进工作进展,做出不平凡的业绩。

08 勇于为老板分忧解难

每个企业在发展的过程中，总会不可避免地遭遇到各种问题的困扰，有些迫在眉睫，必须马上解决，这时你就需要在知道自身能力的情况下，挺身而出，帮老板解决所遇到的问题或摆脱困境。

从根本上讲，老板欣赏处事冷静、能够为自己解决问题的员工，正所谓惺惺相惜。因为老板们之所以能坐到老板的位置，敢于直面问题、能够妥善解决问题，正是其中的一个重要原因。

因此，作为公司的一员，要想得到老板的器重，就必须想方设法使老板信任你。而要想使老板信任自己，就要主动为老板分担工作中的麻烦和问题，并妥善解决。这样，才能给老板留下深刻的印象。

戴维先生要为商场开设自己的千兆网站。建立千兆网，需要克服大量技术上的困难，而具体到网站的设置，又牵涉到大量商业问题。

戴维发了愁，到哪里找既懂计算机，又懂销售的人来负责呢？问了好几个人，但他们深知责任重大，自己又有许多不懂的业务，都推辞了。

于是，商场的这项计划就一直搁置下来。哈利是计算机专业毕业的，在商场里从事计算机联网的工作，对商业销售也不懂。他看到戴维一筹莫展的样子，便自告奋勇，说："我试试吧。"

戴维抱着试试看的心理同意了。哈利接手之后，一边积极学习商业销售知识，向专门人员请教，一边着手解决技术问题。

项目推进得虽然不快，可是却在稳步前进。戴维对他的信任也在增加，不断放手给他更大的权力和更多的帮助。最终，他完成了任务，也被提升为该网站的主管。

你永远不可能完全控制你身处何处，你不能选择开始事业时的优势，

你当然更不能选择你的基因智力水平，但是你却能控制自己工作的勤奋程度。你工作得越多，做得就越好，就是这么简单。

此外，在工作中，老板管辖范围的事情很多，但并不是每一件事情他都愿意出面、愿意插手。这就需要有一些下属去干，去代领导摆平，甚至要出面挡驾，替他分忧解难，这样才会赢得领导的信任和赏识。

詹姆斯是信访办公室的科员，每天都会遇到大量的上访者要求见领导解决问题。领导精力有限，如果事事都去惊动领导，势必影响领导集中精力做好事关全局的工作，并且也会让领导认为下属未承担起自己的职责。每当这时，詹姆斯总是利用自己的特殊身份，勇敢地站出来，摸清情况，解决纠纷，进行协调，必要时还使用一些强制手段把问题处理好。在排除无理取闹、胡搅蛮缠以外，一旦查实确有重大问题，再向领导请示。问题在他这儿总能被处理得有条不紊，让众人信服，同样也获得了领导的赞扬。

一个经常为老板排忧解难的人，老板肯定会很器重他。因为，他没有让问题延误，酿成大错，最重要的是，他能让老板省心省力，老板可以从容地把精力集中到更大的问题上。有了这样的员工，老板就少了很多后顾之忧。

企业的发展不可能风平浪静，老板的才能也不可能没有欠缺，一个勇于负责任的员工应当在老板需要的时刻挺身而出，为老板分忧解难，这样你才会赢得其他同事的尊敬，更能得到老板的信任和器重。而那些多一事不如少一事、逃避责任的员工，是永远都不会进入老板视野的，也永远成不了公司的骨干员工，成不了公司发展的核心力量。

09 真正做好一枚曲别针

一个卓越的员工，总是一点一滴地累积正面力量，推动人生的巨大的飞轮运转。推动“飞轮”转动的动能，并不是从个人某一些戏剧性的成功、戏剧性的策略上面得到累积的，而只有那种追求完美的专业意识一点一滴地凝聚，才能使飞轮持久地产生出能量。每一位在事业上取得成功的员工，无一不是全心全意、尽职尽责、精通自己的工作，一丝不苟地把一切做得最完美。

一个成功的经营者说：“如果你能真正制好一枚曲别针，应该比你制造出粗陋的蒸汽机赚到的钱更多。”

一份英国报纸刊登了一则招聘教师的广告：“工作很轻松，但要全心全意，尽职尽责。”

事实上，不仅教师如此，所有的工作都应该全心全意、尽职尽责才能做好。而这正是敬业精神的基础。

一个人不管从事什么职业，都应该尽心尽责，尽自己最大的努力，把工作做好。这不仅是职责的需要，也是人生的需要。人如果没有了事业和理想，生命就会失去意义。无论你身居何处，即使在贫穷困苦的环境中，如果能全身心投入到工作中，尽职尽责，忘我工作，最后就会获得成功。那些在人生中取得成就的人，一定在某一特定领域里进行过坚持不懈的努力。

在英国赛马界，有一位声望很高的极有权威性的人物亨利·亚当斯，他既不是名声显赫的老板，也不是技能出众的赛手，而是一位钉马掌的铁匠。亨利钉的马掌可以说是骏马蹄上最合适的马掌。他说："我给它们钉了一辈子的掌，这就是我的工作，也是我最关心的事，我看到一匹马，首先想到的就是该给它钉一副什么样的掌最合适。"

他一辈子就给人家钉马掌，为自己赢得了极高的荣誉，现在他年事已高，但找他钉马掌的赛手们仍络绎不绝，甚至要排队等候。

在现实工作中，有许多人贪多求全，什么都懂一点但什么都不全懂，对工作只求一知半解，结果是害人不浅。

那些技术半生不熟的泥瓦工和木匠，将砖石和木料拼凑在一起来建造房屋，在这些房屋尚未售出之前，有些已经在暴风雨中坍塌了；术业不精的医科学生不愿花更多的时间学好技术，结果做起手术来笨手笨脚，让病人冒着极大的生命危险；律师在读书时不注意培养能力，接收案件后捉襟见肘，让当事人白白花费金钱……这些都是缺乏敬业精神的表现。无论做什么工作，都应该精通它，做到一丝不苟，把每一件事都做完美，这其中蕴涵着令人不容忽视的道理。遗憾的是，很少有人能真正体会到，这正是我们做事不能善始善终的根源，它导致工作不完美，生活不快乐。

每一位老板都在寻求精通工作、做事一丝不苟的员工，这是一件相当困难的事情，那种把任何工作做得完美、善始善终的员工却是更少见。对于员工本人来说，不要疑惑，不要抱怨，而应该先反思一下自身的问题：自己是否真的走在前进的道路上？为了使自己的业务更精通，或者为了自身完善或是为了公司需要，你是否认真研读过专业方面的书籍？

自己是否像画家仔细研究过画布一样，仔细研究了职业领域的各个细节问题？

在自己的工作领域你是否做到了尽职尽责？如果不能意识到自己的不足之处，并且努力加以改正的话，那么往往无法得到一份令人满意的工作。

无论从事什么职业，都应该精通它。让这句话成为你的座右铭吧！

下决心掌握自己职业领域的所有问题，使自己变得比他人更精通。如果你是工作方面的行家里手，精通自己的全部业务，就能赢得良好的声誉，也就拥有了一种潜在的促进成功的秘密武器。

有位伟人说：“我在一段时间内只会集中精力做一件事，但我会彻底做好它。”这就要求我们无论做什么工作，都需要做到“精通”二字。

懂得如何做好一件事，比对什么事都懂一点皮毛，但什么事都做不好要强得多。

美国前总统老布什在得克萨斯州一所学校作演讲时对学生们说：“比其他事情更重要的是，你们需要知道怎样将一件事情做好。与其他有能力做这件事的人相比，如果你能做得更好，那么，你就永远不会失业。”

如果对自己的工作不知道怎样才能做好，只对很多事情都懂一点皮毛，由这样的原因导致自己的失败，又怎么能不断地去责备他人、责备社会呢？现在，最需要做到的就是“精通”二字。大自然要经过千百年的进化，才长出一朵艳丽的花朵和一颗饱满的果实。当下的不少年轻人随便学习几天，就想去修好一台精密仪器；做上几个试验，就想制出一种药剂；或者听了两三堂医学课，就急于做外科手术——要知道，那个手术维系着一条宝贵的生命啊！

有一个自以为是全才的年轻人，对日常普通而又繁琐的工作失去了耐心，一直认为自己是大材小用，觉得自己怀才不遇，对社会感到非常失望，而且多次在工作中出现失误导致他完全失去了晋升和加薪的机会，这更让他伤心绝望，他感到没有伯乐来赏识他这匹“千里马”。

痛苦绝望之下，有一天，他来到大海边，打算就此结束自己的生命。

在他正要自杀的时候，正好有一位老人从附近走过，看见了他，并且救了他。老人问他为什么要走绝路，他说自己得不到别人和社会的承认，没有人欣赏并且重用他……

老人从脚下的沙滩上捡起一粒沙子，让年轻人看了看，然后就随便地扔在了地上，对年轻人说：“请你把我刚才扔在地上的那粒沙子捡起来。”

“这根本不可能!”年轻人说。老人没有说话,从自己的口袋里掏出一颗晶莹剔透的珍珠,也是随便地扔在了地上,然后对年轻人说:“你能不能把这颗珍珠捡起来呢?”

“当然可以。”

“那你就应该明白是为什么了吧?你应该知道,现在你自己还不是一颗珍珠,所以你不能苛求别人立即承认你。如果要别人承认,那你就要想办法使自己成为一颗珍珠才行。”年轻人蹙眉低首,一时无语。有的时候,你必须知道自己是普通的沙粒,而不是价值连城的珍珠。你要卓尔不群,那要有鹤立鸡群的资本才行。忍受不了打击和挫折,承受不住忽视和平淡,就很难达到辉煌。

由于不精于自己的工作,在工作中造成巨大的失误,给人们带来了无穷的祸患,而这些悲剧是完全可以避免的。几年前,在宾夕法尼亚的一个小镇上,因为筑堤没有按设计图纸去筑石基,结果导致堤岸决堤,全镇被水淹没,许多人被淹死。这种由于工作疏忽引起的悲剧,几乎在世界的每个角落都时有发生。这带给我们的一个警示就是:每一个人的工作都与他人有关。

学生时代一旦养成了半途而废、心不在焉、懒懒散散的坏习惯,运用一些小伎俩来蒙混过关，欺骗老师，一旦步入社会，就不可能出色地完成任何任务。假如在去银行办事时总是迟到，人们会拒付你的票据；在与人签合约时总是延误，到手的订单就会飞走；与人约会时总是误点，会让人大失所望。这种对待事情三心二意的人，是干不好任何工作的，这种人注定只能是个失败者，甚至连自己最基本的立场、原则和态度都会丧失，也会让他人失去对自己的信心。做事情无法善始善终的人，是意志不坚定的人，是不尽心尽责的人，这种人是不可能达到自己所要追求的目标的，家人和同事也会为他们感到沮丧和失望。如果这种人成为领导，将会造成更恶劣的影响，其下属也必定会受这种恶习的传染——当他们看到上司不是一个精益求精、细心周密的人时，往往会群起而效仿。这样一来，个人的缺陷和弱点就会渗透到整个事业中去，从而影响公司的发展。

一位哲人说过："不论你手边有何工作，都要尽心尽力地去做！"另一位哲人也说过类似的话："无论做任何工作，都要尽心尽力地去做，它可以作为天才的替代品！"

做事情无法善始善终的人，其心灵上亦缺乏相同的特质。他不会培养自己的个性，意志无法坚定，无法达到自己追求的目标。一面贪图享乐、一面又想成功的人，自以为左右逢源，结果却两头落空。

要培养一丝不苟的敬业精神和严谨的工作作风，培养超凡的技能。它既能带领普通人往好的方向前进，更能鼓舞优秀的人追求卓越。

无论做什么事，都必须竭尽全力，无私敬业。能处处以主动尽职的态度工作，即使从事最平凡的工作也能取得成就。

10　负责任就要从细节做起

敬业是一种不可或缺的良好心态，要善于从平凡的岗位中去寻找乐趣。尤其不要因为做的是小事,而看不起自己的工作岗位。

据说,在华纳与永乐合作的早期,华纳方面会经常派专人来水华影城与中方人员交流。

在一次对影城内部的巡视过程中,华纳方面的人发现,盥洗室里有一块瓷砖坏了,不过瓷砖上面有白色的墙纸覆盖着,不是很显眼,一般的人是发现不了的。

华纳方面的人马上告诉永乐后勤负责修理的人,提醒他们赶紧修理。可是,中方人员并没有重视这个细节,觉得这根本就不算个事。接着,华纳又打电话给永华影城的老总朱中响,但这个问题还是没有得到解决。

于是,华纳专门派人到盥洗室,对着这块瓷砖拍了张照片,通过电子邮件发给朱中响,再次提醒他换掉那块坏的瓷砖。

就这样,这块原本在中方眼里并不起眼的坏瓷砖终于引起了中方的注意,前前后后共花了两天时间,终于得到了解决。

诸如此类的问题在永华电影院内实在很多。例如,说影院内铺的地毯,大多数影院由于人来人往、加上保养不好,地毯磨损是难免的,而去永华的观众如果足够细心的话,就会发现永华电影城内的地毯全无卷角或者破损的现象。

这是因为"华纳方面规定了,地毯不允许磨损,地毯接缝处的线条一定不能脱落,地毯角落处一定不能卷起揉皱。"

朱中响说:"华纳跟国内某些影商的营销至上理念不一样,它的第一理念是清洁和环境。他们一直强调要提供最佳的视听环境给观众。"

像这样的细节,相信我们也曾在工作中遇到过,而大多时候的情况是,我们总是觉得这事情很小,而没有认真去做。

提高工作执行力,说到底就是从细节着手,把工作落到实处。抓落实,求实效,就要从细节做起,坚决克服大而空的倾向,在抓具体、求精细方面做文章,不断提高操作能力,加强落实力度;就要牢固树立细而实的观念,以精益求精的态度、追求卓越的理念,不折不扣完成各项工作。

细节决定成败！无数事实表明,小事牵连着大事,细节关系到全局,无视细节必然付出代价。

中国古代有这样一个故事:临近黄河岸边有一片村庄,为了防止水患,农民们筑起了长堤。一天,有个老农偶尔发现蚂蚁窝一下子猛增了许多。老农心想:这些蚂蚁窝究竟会不会影响长堤的安全呢？他要回村去报告,路上遇见了他的儿子。老农的儿子听后不以为然地说:“那么坚固的长堤,还害怕几只小小蚂蚁吗?”随即拉着老农一起下田了。当天晚上风雨交加,黄河水暴涨。咆哮的河水从蚂蚁窝始而渗透,继而喷射,终于冲决长堤,淹没了沿岸的大片村庄和田野。这就是“千里之堤,溃于蚁穴”这句成语的来历,这也印证了因小失大的责任与后果。

几只小小的蚂蚁竟然毁掉了坚固的堤坝,这是一个深刻而耐人寻味的教训。然而,这样的教训在现实生活中比比皆是。

很多时候,往往是一些看起来毫不起眼、多数人都不会放在心上的小疏忽最终铸成了大错。在今天,随着现代社会分工越来越细和专业化程度越来越高,一个要求精细化的时代已经到来。因此,要担负起自己的责任,做好自己的工作,就需要我们从细节做起。注重细节,这是一种理念,一种态度,一种责任。让我们牢固树立起责任意识,从一个个步骤和一个个环节抓起,从点点滴滴做起,切实提高工作执行力。

第七章

让责任成为习惯

一个人无论从事何种职业，都应该心中常存责任感，尊重自己的工作，在工作中表现出忠于职守，尽职尽责的精神，这才是真正的敬业。每个人都肩负责任，对工作、对家庭、对亲人、对朋友，我们都要负一定的责任。正因为担负着这样或者那样的责任，我们才会对自己的行为有所约束。

01　不要为自己的失误辩解

日本著名首相伊藤博文的人生座右铭就是“永不向人讲‘因为’”。可以说，这不仅是一种做人的美德，而且也是一种为人处世、办事做事的最高学问。

有些人在工作中出现错误时，不是全力以赴去面对，而是找出一大堆理由来为自己辩解，并且说起来振振有词、头头是道，他们认为这样就能把自己的错误掩盖，把责任推个干干净净，但事实并非如此。也许老板会原谅你一次，但他心中一定会感到不快，从此你在他心目中会留下不好的印象。你为自己辩护、开脱，不但不能改善现状，有时所产生的负面影响甚至还会让情况更加恶化。

有一个毕业于名牌大学的工程师，有学识，有经验，但犯错后总是喜欢自我辩解。当工程师刚应聘到一家工厂时，厂长对他很信赖，事事让他放手去干。结果，出现了很多失误，而且有些明显是由于工程师的疏忽造成的，可工程师却总有一条或数条理由为自己辩解，就是不愿意勇敢地承认自己的错误。因为厂长并不懂技术，经常被工程师驳得无言以对。最终，厂长无法忍受工程师这种不负责任的态度，只好让他卷铺盖走人。

能勇敢地承认自己的错误，坦诚地面对它，不仅能弥补错误所带来的不良结果，还能让自己在今后的工作中更加谨慎行事，同时别人也会很痛快地原谅你的错误。

有些人认为承认错误有失尊严，面子上过不去，害怕承担责任，害怕受惩罚。其实不然，勇于承认错误，你给人的印象不但不会受到损失，反而会使人更加尊敬你、信任你，你在别人心目中的形象反而会高大起来。因为聪明的老板总是坚持向前看，珍惜过去，更注重未来。一个人承认错误，就是勇于承担责任的开始。他会及时改正工作中的错误，为了减少损失而制订出更完美的方案，并在执行的过程中小心谨慎，避免再次犯错。只要承认错误并承担责任，错误就转变成了宝贵的财富。

约翰是一家商贸公司的市场部经理。在他任职期间，曾犯了一个错误，他没经过仔细调查研究，就批复了一个职员为纽约某公司生产5万部高档相机的报告。然而等产品生产出来准备报关时，公司才知道那个职员早已被“猎头”公司挖走了，那批货如果运到纽约，就会无影无踪，货款自然也会打水漂。

约翰一时想不出补救对策，一个人在办公室里焦虑不安。这时老板走了进来，见他的脸色非常难看，就想问他是怎么回事。还没等老板开口，约翰就立刻坦诚地向他讲述了一切，并主动认错：“这是我的失误，我一定会尽最大努力挽回损失。”

老板被约翰的坦诚和勇于负责的勇气打动了，答应了他的请求，并拨出一笔款让他到纽约去考察一番。经过积极地努力，约翰联系好了另一家客户。一个月后，这批照相机以比那个职员在报告上写的还高的价格转让了出去。约翰最终得到了老板的嘉奖。

正如松下幸之助所说的：“偶尔犯了错误无可厚非，但从对待错误的态度上，我们可以看清楚一个人的责任感。”的确，只有那些能够正确认识自己的错误，并及时改正以补救的人才是组织中最受欢迎的人。

陈任和张明新到一家速递公司，被分为工作搭档，他们工作一直都很认真努力。老板对他们很满意，然而一件事却改变了两个人的命运。一次，陈任和张明负责把一件大宗邮件送到码头。这个邮件很贵重，是一个古董，老板反复叮嘱他们要小心。到了码头陈任把邮件递给张明的时候，张明却没接住，邮包掉在了地上，古董碎了。

老板对他俩进行了严厉的批评。“老板，这不是我的错，是陈任不小心弄坏的。”张明趁着陈任不注意，偷偷来到老板办公室对老板说。老板

平静地说："谢谢你，张明，我知道了。"随后，老板把陈任叫到了办公室。"陈任，到底怎么回事？"陈任就把事情的原委告诉了老板，最后陈任说："这件事情是我的失职，我愿意承担责任。"

陈任和张明一直等待处理的结果。几天后，老板把陈任和张明都叫到了办公室，对他俩说："其实，古董的主人已经看见了你俩在递接古董时的动作，他跟我说了他看见的事实。另外，我也看到了问题出现后你们两个人的反应。我决定，陈任留下继续工作，用你的努力来偿还公司的损失。张明，明天你不用来上班了。"

工作上的每一次失误，都代表一次经验的增长，代表一次能力的提升。敢于对工作的最后结果负责，就拥有了客观认识工作失误的正确心态，这体现了一名员工勇于面对错误、实事求是的精神。把工作交给这样的员工是令人放心的。

所以，当我们犯了错误的时候，不要拒绝认错，不要推卸责任，彻底粉碎那些不负责任的想法，积极承担起自己的责任。这才是一个优秀的人必备的素质！

02 职责之外，多加“一盎司”

许多人能获得的事业上的成功，就在于他们比别人多做了那么一点。基于这样的认识，著名投资专家约翰·坦普尔顿经过大量的观察研究，得出一条很重要的原理——多一盎司定律。他指出，取得突出成就的人与取得中等成就的人几乎作了同样多的工作，他们所做出的努力差别很小——只是“多一盎司”，但其结果，所取得的成就及成就的实质内容方面，却经常有天壤之别。

卡洛·道尼斯最初为杜兰特工作时职务很低，但是，他在工作之初便注意到，每天下班后，杜兰特先生仍然会留下来在办公室里继续工作到很晚。因此，他也决定下班后留在办公室里。虽然没有人要求他这样做，但是，他认为自己应该留下来，在需要时，为杜兰特先生提供一些帮助。

杜兰特先生经常找文件，打印材料，最初这些工作都是他亲自做的。后来，他发现道尼斯在办公室里，便招呼他过来帮忙，并养成了习惯。

现在，道尼斯已经成为杜兰特先生的左膀右臂，担任其下属一家公司的总经理，他之所以能如此快速地升迁，就在于每天鞭策自己多做些工作。也就是说，他在遵从“多一盎司定律”工作。

在商业领域，坦普尔顿把“多一盎司定律”进一步引申，他逐渐认识到只多那么一点儿，就会取得更好的效果。那些常常在原来的基础上多加一盎司的人，得到的份额远大于一盎司应得的份额。

我们工作不仅是为了谋生，还是为了实现我们个人的生命价值。一个人要想让自己的价值达到最大化，就应该在完成自己的本职工作之外

多做一点。

虽然,我们没有义务去做自己职责范围以外的事,但我们可以选择主动自愿多做一点,这对人生目标的实现会有很大的帮助。每天,当我们尽职尽责地把自己的本职工作完成后,还应该问一下自己:我还可以做点什么呢?通过这种自我督促的办法,可以使自己比别人多做一点点,日积月累,我们会发现自己的价值有所提升。

成功并不是一蹴而就的事情,它是一种不断积累的结果。一个人,不论从事何种职业,要想登上顶峰,就要不断鞭策自己,在工作中比别人多付出一点。

叶灵和江昊是一家大型跨国公司的两名优秀职员,在对待工作上都能够尽职尽责。但是,他们两个人的差别就在于,叶灵认为自己尽职尽责地完成了自己岗位上的工作后,就已经很负责任了,而江昊则要求在自己尽职尽责地完成本职工作之余,再为公司多做一些事。三年后,江昊成为这家公司的一位部门经理,有了更广泛的社交范围,而叶灵却还只是一名业务主管。

只有不断超越自我的人,才是这个世界上真正聪明的人,不要以为自己付出的比获得的要多,其实,我们努力多一点并不会失去什么,反而让我们有了从平凡中脱身，成为卓越者的可能。归根结底，多做一盎司的最大赢家还是我们自己。

03 随时捕捉对自己工作有用的信息

罗丹说："生活并不是缺少美，而是缺少发现美的眼睛。"同样，在现代职场中，并不是缺乏能促使你成功的信息，而是缺乏捕捉信息、抓住机遇的能力。

纳杰夫是美国一家肉类加工公司的执行经理。有一天，他像往常一样仔细地阅览着当天的各种报纸。突然在一个不引人注目的地方，一条短讯映入他的眼帘，这条短讯披露墨西哥发现了怀疑是瘟疫的病例。纳杰夫认为这是一条对自己的公司十分有利的信息。他想，如果墨西哥真的发生了瘟疫，一定会从加利福尼亚州和得克萨斯州边境传染到美国。而这两个州又是美国肉食供应的主要基地，一旦发生瘟疫，肉价一定会猛涨。

想到了这儿，他马上抓起电话，拨通了一位朋友家的电话，问他要不要到墨西哥去旅行。这位朋友被这突如其来的提议弄得莫名其妙，不知如何回答。于是，纳杰夫约这位朋友面谈。

纳杰夫说服这位朋友替他到墨西哥跑一趟，了解一下那里是否真的发生了瘟疫。结果证实报纸上那条消息是真的。

纳杰夫立即根据这个情报，给公司董事会和总经理写了一份紧急建议，并着手制订了一份计划：集中全部资金购买加州的肉牛和生猪，并把它们及时送到美国东部。公司的总经理和董事会对纳杰夫的建议高度重视，立即召开了高层会议，听取纳杰夫的报告，并按照他的计划开始行动。两个月后，瘟疫果然蔓延到了美国西部的几个州，美国政府下令，这几个

州的一切食品都要从外地进货，当然也包括牲畜在内。

于是，美国国内市场肉类紧缺，价格暴涨，纳杰夫的公司抓住这一机遇，及时把囤积在东部的肉牛和生猪高价出售。结果，在短短的几个月内，公司便净赚了5000多万美元。而纳杰夫也因为及时捕捉到了这一信息，被公司奖励50万美元，并且提升为公司的副总经理。

作为一名职场中人，如果能够及时地捕捉到对自己工作有用的信息，将会在自己的工作和事业上开创出一片新的局面。因此，在日常生活中，我们要善于捕捉各方面的信息。

在20世纪50年代，香港有位刘姓商人到美国旅行。有一天，他到克利夫兰市的一家餐馆同两位美国人共进午餐，他们边吃边谈着生意上的事。其中一位美国人说了一串关于假发的事。

“假发?”这位姓刘的商人眼睛一亮，脱口问道。那位美国人又一次说道：“假发!”说完，还随手拿出了一串长长的黑色假发，表示说，他想购买十几种不同颜色的假发。

本来，像这种餐桌上的交谈，在当时来说，只不过是商场上普通的谈话,一句只有几个字的话,按说也没有什么特殊的意义。但是,言者无意,听者有心。这位姓刘的商人很快作出判断:假发生意大有可为。

于是,他在美国进行了一番深入的考察,发现戴假发的热潮正在美国悄然兴起。他更加确定了自己的判断,一回到香港,就开始了多方面的调研工作。他发现,从印度和印尼出口到香港的人发(真发)被制成各种发型的发笠(假发笠),成本相当低廉,而售价却很高,利润十分可观。因此,他立即做出决定,在香港创办工厂,制造假发并出售。

但是,上哪去找制造假发的专家呢,这位刘姓商人为此非常着急。

有一天,一位朋友来访,闲谈中偶尔提到一个专门为粤剧演员制造假须发的师傅。于是这位商人便想方设法地找到了这位师傅。

然而,这位高手制造一个假发则需要 3 个月的时间,这样是无法开展生意的。在这位师傅的言谈中,商人了解到有人刚发明了一种机器,可以利用它与手工配合,生产假发。就这样,在这位师傅的帮助下,他引进了机器,招来了一批女工,创办了世界上第一个假发工厂。

当各种颜色的假发大批量生产出来之后,消息便不胫而走,来自世界各地的订单像雪片般飞来。这位商人的事业一日千里。

每个人都应该注意搜集对工作有用的信息,并把这些信息转化为有价值的工作成果。

琴纳是一位长期生活在英国乡村的医生。对民间的疾苦有着深切的了解。当时,英国的一些地区发生了天花,夺去了许多儿童的生命。琴纳亲眼看着许多活泼可爱的儿童染上天花,因为没有特效药,不治而亡,内心十分痛苦。

有一天,琴纳到了一个奶牛场,发现一位挤奶的女工因为从牛身上传染过牛瘟病,就再也没有得过天花,尽管她经常护理一些天花病人,却没有受到传染。通过这个发现,他联想到了一个问题,可能感染过牛瘟病的人,对天花具有免疫力。

想到了这里,琴纳隐约中感觉到自己已经找到解决问题的突破口了,于是他马上采取行动,大胆地试验。他先在一些动物身上进行种牛痘的试验,效果十分理想。为了让成千上万的儿童不再受天花之灾,他顶住了一切压力,在当时仅有一岁半的儿子身上接种了牛痘。接种后,儿子反应正常,但是,为了要证明孩子是否已经产生了免疫力,就必须给孩子接种天花病毒,如果孩子身上还没有产生免疫力,那么,他的儿子也许就会被天花夺去生命。

为了千千万万的儿童能够健康成长,琴纳把一切都豁出去了,他把天花病毒接种到了自己儿子的身上。结果孩子安然无恙,并没有感染上天花,琴纳的实验终于成功了。从此,接种牛痘能防治天花的方法从英国迅速地传播到了世界各地。

在工作当中,我们经常会遇到各种各样的偶然事件。假如我们能够利用这些偶然的机会,挖掘对自己有用的信息,工作结果就会发生变化。

爱德华是一家杂志社的老板。在他年轻时,有一次,他看见一个人打开一包纸烟,从中抽出一张纸条,随即把它扔在地上。爱德华拾起这张纸条,见上面印着一个著名女演员的照片,下面有一行字:“这是一套照片中的一幅。”他把纸片翻过来,发现背面是空白的。

爱德华拿着这张纸片边走边想:“如果把印有照片的纸片充分利用起来,在它的背面印上人物的小传,价值就会提高很多。”于是,他找到印刷这种纸烟附件的公司,向经理说明了他的想法。这位经理立即说:“如果你给我写这些东西,我会付给你丰厚的薪酬。”

这就是爱德华最早的写作任务。后来,他的业务越来越多,就聘请了一些人来帮自己工作。就这样,他逐渐成了一位成功的媒体人。

偶然的机会中,常常蕴藏着工作和事业上的巨大契机,如果我们能够认识到这一点,不断地从偶然的机会中挖掘对自己有用的信息,将会对自己的事业有巨大的帮助。另外,善于从偶然的机会中挖掘对自己有用的信息,才能够不断地挖掘出自身的潜力,让自己创造出更辉煌的工作业绩。

清朝顺治年间，有位王姓青年到北京的一家剪刀作坊里当学徒。有一天，师娘为他师傅炖了一只鸡，鸡炖好了端出来，放在他和师傅打造剪刀的桌子上晾着，桌子下面还放着盛着鸡血的盆。

在工作中，这位王姓青年一不小心失手将剪刀掉进了鸡血盆里。他慌乱中弯腰去捡，又碰翻了桌上的鸡汤，滚烫的鸡汤溅到了他的脸上，烫得他满脸都是水泡。当他从鸡血里捞出剪刀擦干后发现，这把剪刀格外明亮锋利，似乎都能吹毛断发。从这次失误中他发现，把打造好的剪刀放在动物的血里会使其更加锋利。从此以后，他打造的剪刀越来越畅销，名气也越来越大。

因为他的脸被鸡汤所烫，起了一脸麻子，人们就此称他打造的剪刀为“王麻子剪刀”。到了后来，“王麻子剪刀”逐渐成为一个著名的剪刀品牌。

我们生活在一个变幻莫测的信息时代。一个人能否取得成功，往往取决于他是否有捕捉信息和运用信息的能力。培养自己捕捉信息的良好习惯，并发现促进工作的有用信息，抓住走向成功的机遇，就能成就一番事业。

04　善于倾听别人对自己工作的建议

在日常生活与工作中,单凭我们个人的能力和经验,可能并不能迅速准确地找到正确的方向。这时我们就需要别人的帮助,向那些能力更强,见解更独到,经验更丰富的同事请教。有时,我们并未主动请教,别人也会对我们的工作发表一些自己的意见。千万不要对这种意见产生反感,不管意见是对是错,我们都要真诚地倾听,并客观地评价这些建议。这些建议通常都极有价值,可以为我们提出一个崭新的工作思路或为我们开辟出一段崭新的职业生涯。

19世纪50年代,在美国旧金山掀起了一股淘金热。有一个叫李威·施特劳斯的年轻人,抛弃了自己的文职工作,和两个哥哥来到旧金山,开了一家杂货店。一天,有位淘金工人来店里购物,对李威说:“你的帆布包虽然适合我们用,但不如把帆布做成裤子更适合淘金工人穿。矿工们现在穿的工装裤都是棉布做的,很容易磨破。若改用帆布做,就结实、耐用很多。”

李威经过一夜的思考后,很快采纳了这位淘金工人的建议,他取出一块帆布来到裁缝店做出了第一条工装短裤。就是这种工装裤后来逐渐演变成一种世界性服装——牛仔裤。

这种工装裤诞生后,受到了许多矿工的喜爱,有一位远方的朋友来看望李威·施特劳斯,看到工人购买这种工装裤的情形,建议他:“你应该投入一些资金,进行广告宣传;另外再聘请一些经验丰富的裁缝,把这种裤子重新设计一番,完全推向市场。”李威·施特劳斯听从了这位朋友的建议。把这种工装裤重新设计,推向了市场,很快就受到了许多年轻人的青睐。后来,他引进了设备,大批量生产,并利用各种媒体宣传牛仔裤,甚至大谈“牛仔裤文化”。铺天盖地的宣传,使牛仔裤深入人心。“西部牛仔”成了美国青年崇拜和模仿的对象。不少中老年人,连上层社会的人物也开始喜欢牛仔裤了,牛仔裤的市场越来越广阔。现在,他的公司已经成为世界著名的“跨国公司”。他的事业也传到了他的第四代子孙身上。

善于倾听别人对自己工作的建议,是一种对别人眼光、见识、经历、智慧、创意的吸收和学习,通过这种方式,我们可以不断地改善自己的工作,提升自己的能力。

卡斯特罗早年嗜好抽烟。每天,又粗又大的哈瓦那大雪茄,他要抽7~10支。他的家庭医生建议他戒烟,否则可能导致他在五六年后丧失讲话的能力,影响工作的效率。当时,他并没有把它放在心上。结果,1962年的一天,他在做完一次报告之后,声音就哑了。为了事业和个人健康,他狠下决心开始戒烟,尽管戒烟的过程十分痛苦,但他经受住了这次考验,成功地戒了烟。从那以后,他再也没有发生过讲话失音的现象。1988年8月13日,他被世界卫生组织授予“卫生为大众”和“为预防尼古丁中毒而斗争”两枚金质奖章,成为戒烟楷模。

一般情况下，善于听从别人对自己工作的建议，可以及时发现自身的不足和缺陷，轻松地实现改善工作的目的。而那些自以为是的人，却常常为此付出代价。

竹下君被公司委派去俄罗斯开发当地市场。在接到公司的工作安排后，他很快就拟好了一份市场开发方案。开会研究时，他把自己的方案简单地讲解了一遍，就算通过了。他手下的业务员当场提出一些疑问和合理建议，他却傲慢地说："我负责开发各地市场这么多年了，难道还不知道该怎么做？我的方案是正确的，不用再讨论了。"结果，公司为此付出了巨大的财力、物力、人力代价，他却无功而返。公司只好对他进行降职处分，最后，重新安排一个人顶替他的职务，开发这片市场。

新安排的这个人名叫崎川一雄，他深知集合众人智慧是取得成功的基础，所以，他先安排业务员到当地搞市场调查，然后集合所有负责俄罗斯市场的员工讨论。会上，他把自己设想的市场开发方案列举出来，然后让大家根据考察的情况来讨论其可行性，业务员们都热情高涨地发表自己的看法。崎川一雄从中选了一些好的建议记下来，以完善方案，最后，拟订出一个稳妥可行的方案。很快，公司就在俄罗斯的市场上取得了成功。

同样一种产品，同样一个市场，竹下君因为独断专行，听不进去别人的建议无功而返，结果为公司带来了损失，影响了自己的前程；而崎川一雄先生则集思广益，鼓励属下发表建议，汲取众人的智慧，帮助自己打开工作的局面，使自己取得了成功。

因此，在日常工作中，我们一定要集思广益，善于从别人的建议中汲取智慧，帮助自己取得工作上的进步。即使工作多年，遇到自己难以解决的难题和困境也可以向其他同事和上司请教，这样，一方面可以降低错误，而且还有助于合作。集思广益，听取他人的建议，怀着一种感恩之情去对待同事的建议和批评，这样才能使我们的工作能力得到更快的提高。

05 接到任务，马上行动

提高工作效率的另一个秘诀就是接到工作马上落实。领导有什么安排，马上去落实；客户有什么要求，马上去落实。要知道，工作成绩是落实出来的，而不是等待得来的。

有一位心理学家多年来一直在探寻成功人士的精神世界，他发现了两种本质的力量：一种是在严格而缜密的逻辑思维引导下艰苦工作；另一种是在突发、强烈的灵感激励下立即行动。

“所有事情成功的秘诀就在于”，阿莫斯·劳伦斯说，“养成凡事立即行动的好习惯，这样才可以站到时间的前面，才可以在瞬息万变的世界中抓到自己生存的价值。”而有一些人就是经常养成了拖延的恶习，结果该做的事情没有做好，把今天的事情推到明天，明天的事情又推到后天，这样的人不会有大成就。

世间永远没有绝对完美的事。“万事俱备”只不过是“永远不可能做到”的代名词。一旦因为愚蠢地去满足“万事俱备”这一先决条件，不但辛勤百倍，还会使灵感失去应有的乐趣。以周密的思考来掩饰自己的不行动，甚至比一时冲动行事还要糟糕。

企盼“万事俱备”后再行动，你的工作也许永远没有“开始”。人们往往在事情到来之时，总是先有积极的想法，然后头脑中就会冒出“我应该先……”，这样一来，你的一只脚就陷入了“万事俱备”的泥潭。一旦陷入，你将顾虑重重，不知所措，无法定夺何时开始，时间一分一秒地浪费过去，你会陷入失望的情绪里，最终只能懊悔面对仍悬而未决的工作。

威廉·詹姆斯说：灵感的每一次闪烁和启示，都让它像气体一样溜掉而毫无踪迹，会比丧失机遇还要糟糕，因为它在无形中阻断了激情喷发的正常渠道。如此一来，人将无法聚起一股坚定而快速应变的力量以对付生活的突变。

有一次，沃尔特·皮特金在好莱坞时，一位年轻的支持者向他提出了一项大胆的建设性方案——投资一项一千万的电影。在场的人全都被吸引住了，它显然很值得考虑，不过他们可以从容考虑，然后讨论，最后再决

定如何去做。但是，当其他人正在琢磨这个方案时，皮特金突然把手伸向电话并立即开始向华尔街拍电报，电文热烈地陈述了这个方案。当然，拍这么长的电报价格不菲，但它却表达了皮特金的信念。

出乎意料的是，一千万美元的电影投资项目就因为这个电文而拍板签约。假如他们没有立即行动，这个方案很可能就在他们小心翼翼的漫谈中自动流产——至少会失去它最初的光泽。然而皮特金立刻付诸了行动。在他一生中，他培养了灵感，并信赖它，将它当成自己最可靠的心理顾问。

很多人羡慕他办事如此简明。但他之所以办事简明，就是因为在长期训练中养成了“马上行动”的习惯。不管从事什么行业，一旦你接手某项工作后，就必须抓住工作的实质，当机立断，立即行动。凡事必须先行动，因为一旦进入行动状态后，人们就来不及多想，就好像是被逼上梁山，

背水一战，只有一条路走到底，这样反而更容易成功。

很多时候，你若立即进入工作的主题，就会惊讶地发现，如果拿浪费在“万事俱备”上的时间和精力处理手中的工作，往往绰绰有余。而且，许多事情你若立即动手去做，就会感到快乐、有趣，更加大了成功几率。

最消磨意志、摧毁创造力的事情，莫过于拥有梦想而不开始行动。年轻人最容易染上的可怕习惯，就是遇事明明已经计划好、考虑过，甚至已经做出了决定，却仍然畏首畏尾、瞻前顾后，不敢采取行动。对自己越来越没有信心，不敢决断，最后以失败告终。

马上去做是一种习惯，是一种做事的态度，也是成功者共有的特质。任何规划和蓝图都不能保证你成功，很多企业之所以能取得今天的成就，并不是事先规划出来的，而是在行动中一步一步经过不断调整和实践出来的。因为任何规划都有缺陷，规划的东西始终是纸上的，与实际是有距离的。规划可以在执行中修改，但关键还是要马上去做！根据你的目标马上行动，没有行动，再好的计划也是白日梦。

无论什么时候，你一旦拖延，就总是会倾向于拖延；如果你已经开始行动，也就会倾向于一直做到底。因此可以说，凡事行动就是成功的一半。第一步是最重要的，行动应该从遇到事情的第一秒开始，而不是第二秒。

你最终会发现，“立即行动”的工作态度会成为你个人价值的一部分。当你养成立即行动的工作习惯以后，也就掌握了个人进取的秘诀。当你下定决心要以积极的心态做事时，就朝自己的成功目标迈出了重要一步。

一个员工要想工作上出成绩，就必须克服自身的犹豫迟缓的弱点。把事情一拖再拖，经常会有意想不到的麻烦。现在就立即开始行动吧！即使行动不会带来成功，也总比坐着不动好。行动也许不会结出快乐的果实，但如果没有行动，所有的果实都无法收获。

06 多从老板的角度考虑问题

每个人在职场中都希望被加官晋爵，但你先得明白上司喜欢提拔什么样的人，只有这样才有可能得到老板青睐的机会。如果一个人在工作中能够做到刻苦、有忍耐力、反应敏捷、处处替老板考虑，随时随地都能想出一些明智、有创见、完善的方案来，那他的上司自然会逐渐重视他。没有一个雇主不喜欢忠诚可靠的部属，他们时时在观察自己的部属是否可靠。雇主对于员工的勤奋程度、做事的成效，都知道得一清二楚。任何工作不努力、经常犯错误的员工都逃不过他的眼睛，迟早也都会被发现。大部分雇主对员工的品格也知道得很详细，他明白谁会寻找机会偷懒，谁习惯在老板面前假装卖力。最容易让雇主信任的下属，总是能做到认真工作、从不怠惰、忠于职守。一个员工若想获得晋升，就必须要得到雇主的信任。任何雇主都不会无缘无故地提拔一个他不信任的人。

雇主所希望的是这样的员工：无论他在与不在，都一样努力，一样尽职尽责，甚至在无人监督的情况下，做事仍然会格外卖力。而那些能够迅速晋升的人，通常是随时随地都会考虑雇主的利益，他会替雇主分担工作，排忧解难，竭尽全力来协助雇主去实现经营计划。

如果你希望尽快晋升，早日获得较高的职位，那就绝不可以养成非监督逼迫不能好好工作的恶习。你必须主动去做好雇主希望完成的事情，还要调动你所有的创造力、洞察力、执行力，及时地解决随时随地产生的问题。做任何职业，你都不能这样想："只要照着上司的吩咐去执行，按部就班去做就可以了。"你必须在做事过程中尽力使你的智慧、思想和创造力发挥得淋漓尽致，唯有这样，别人才会重视你、尊重你。

要把握住工作中的机遇，我们就不能被动等待上级指示任务，而应当积极思考，发现工作中的漏洞，想他人所未想，这样你才能随时应对可能发生的问题，为自己的成长赢得机遇。如果对于这些事，你这样想："反正老板不在这里，就省省力气吧"，那你的前途就岌岌可危了。事事马马虎虎，处处投机取巧，时时都认为自己所耗的精力和时间已经大大超过薪水的酬劳，因为没有额外的津贴便不再努力，也不肯多提一些如何改善经营的建议，对于同事，也表现出冷淡、轻视的态度，还常常对同事们说不要白白替雇主效劳。这样的人，无论学识多高、本领多大，也绝不会有出人头地的一天。

自私是成功道路上的最大障碍。有些人常常想不明白他们为何升迁得这样慢，如果老板对他们说："这全是因为你太自私的原因"，他们一定会感到惊讶。其实，如果他们足够明智，能替雇主考虑一下，就知道雇主最需要的就是脚踏实地、刻苦努力、自动自发、兢兢业业的员工，那么晋升也就指日可待。

多从老板的角度考虑问题，忠于自己的职责，主动为领导分忧，随时随地考虑雇主的利益，刻苦耐劳、全力以赴，这样才能在工作中获得成功。

07　主动补位，做公司需要的事

在企业中，职能的闲置或重置，分工没有落实好，都会导致缺位、错位现象的发生。有时做一件事需要得到他人的协助，如果分工没有明确，别人可协助也可不协助，那么要做的这件事就不好做了。在工作中，如果有一名员工缺位，那么就很有可能带来等待、停滞等现象，这样就会在很大程度上降低工作的效率。其实，很多组织做事效率不高，很大程度上就是因为个别人的缺位造成的，一旦某个环节出现断层，那么企业效率自然也就跟上不去。

所以，企业要想提高效率，降低生产成本，就需要每一名员工的积极补位。只有在工作中具有积极补位的意识，才可以避免一些无谓的浪费，提高企业的效率，进而创造更多的利润。

在沃尔玛，不论是总裁还是经理，繁忙时所有人都是店员。美国人平时很忙，购物人数有限，而每到公休日、节假日，人们便都涌进购物中心。这时，几乎所有的沃尔玛店面都感觉人手不够，于是，沃尔玛从运营总监、财务总监、人力资源经理及各部门主管、办公室秘书，都会换下笔挺的西装，投入到繁忙的商场之中，去做收银员、搬运工、上货员，迎宾员……

每个公司都难免会出现一些无人负责的事情，这就需要员工有一种主动补位意识，多做一些事情。做的事情越多，你的地位也就越重要，掌握的个人资源和工作资源也会越多，情形对自己就越有利。

在市场竞争日趋激烈的今天，企业即使分工十分明确，也可能会有一些意想不到的情况发生，出现一些无人监管的工作。以什么样的态度对待这些工作，可以判断出员工的主人翁精神和责任感。有的员工认为这些事和自己的工作职责无关，即使是一件举手之劳的小事也不屑为之。而有的员工则能够把这些事看成是锻炼自己的机会，主动去做，并且能够脚踏实地做好。最终，前者依然平庸，后者却赢得成功的机会，成为公司领导的得力干将。

在一次项目完工的剪彩仪式上，有一家建材公司邀请了总部五位高层领导来剪彩，当五位领导被请上台后，项目经理发现台下还有一位相当级别的领导也来了，于是硬把这位领导拉上台，让他也一道剪彩。下面的员工看在眼里，却急在心里，因为眼看就要出洋相了。

说时迟，那时快，只见业务部小陈迅速从大衣口袋里拿出一把剪刀递了上去。六位领导一字排开，喜气洋洋地剪了彩，人们皆大欢喜。一位老员工在小惊之后，顿生敬佩之情，随即问小陈："你怎么知道还会叫一个人上去?"

"如果老总再叫一个，我这边口袋还装着一把呢。"

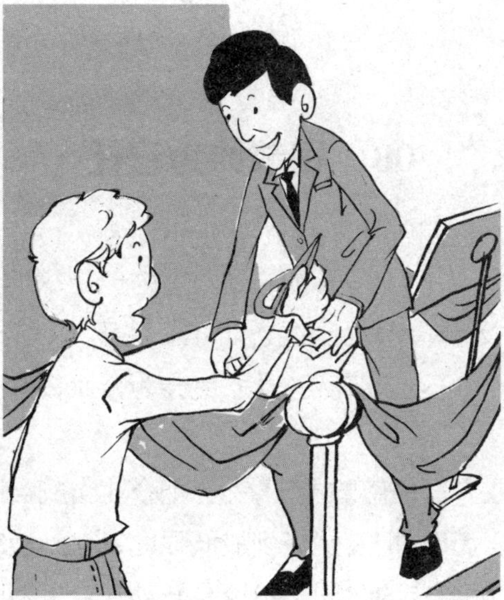

“你小子，还真行。”

事后，小陈因为做事细致，能比别人多想一步，很快就被提拔为总经理办公室助理，事业上也有了更多的机遇。

称职的员工不会“独善其身”，而是心存大局观，以企业的整体发展为标杆来考量自己的行为。他们会在出色地完成自己的工作任务的同时，去做一些分外之事，以使工作流程顺畅。一个称职的员工也应当是一个善于跑位的人，无论在什么时候，不用老板吩咐，他总能出现在最需要的位置上。

一名优秀的员工，一定是能够担当责任，时刻心存荣誉和职业良知的员工，他们总是把自己的工作做到最好，还能够有随时补位的意识，努力为公司创造越来越大的价值。

08　视节约为己任

在现实生活中，人们大多看重的是财富的创造，对于节约似乎注意不够，有些人甚至认为提倡节约已经过时了。殊不知，节约也是创造利润。员工能够节约每一分不必要花费的钱，就会为企业、为社会创造出更多的财富。

每一名对企业有责任感的员工，都会把企业当成自己的家，尽最大努力完成自己的本职工作，把浪费降到最低限度，小心地使用设备和服务设施，高效率地利用好自己的时间。不论是开动一台机器，还是进行一次车间服务，或者是在办公室打一封信件，有责任感的员工都会最大限度地节约每一分钱。

广东一家服装公司要参加一次大型展会，需要一批宣传资料。老板叫来秘书小艾，请她尽快去联系印刷厂印制宣传材料。

小艾听到吩咐后并没有马上去执行，而是对老板说："上次展会还剩下好多资料，可以用那些吗？”

老板回答：“你找出来核对一下，看看内容是不是一样。”

小艾便找出资料进行核对。过了一会儿，小艾又找到老板：“老板，我核对过了，绝大部分内容都一样，只有一个电话号码变了。”

“那就去重印吧！”经理回答道。

小艾还在想这件事，她总觉得可惜，这么多资料，就因为一个电话号码的改变而不能用了。重印不仅要花费一大笔钱，还要花费时间。

“难道真的没办法再用上这些资料吗？”无意间，她看见了桌上的一份资料。这份资料是老板开会时用的，因为老板临时改变了一个数据，于是她用一个改正纸把数据改了过来。

突然，她灵机一动，那些宣传材料上的电话号码不也可以用印有新号码的不干胶纸改一下吗？只要贴得整齐，应该是不会影响美观的。

于是，她马上到老板办公室，向老板请示。老板还是有点担心，问：“那样能行吗？”“我仔细点，不会影响阅读的。”“好，你去试试吧！”

两个小时后，小艾把整理好的材料给经理过目。现在，在原先那个电话号码上是一条不干胶，上面是一个工整的新电话号码，看起来一点也没有不协调的感觉。

老板赞扬了小艾一番，并且立即开了一个小型会议。在会上，老板说：“小艾的创意非常妙，虽然节省的钱不多，但是可以看出她已经将节约当成了自己的责任。主动去想办法为公司节约。如果大家都像她那样视节约为己任，那么公司就不愁发展不起来了。”

细微之处彰显节俭。一滴水看似微弱，但可以汇成江海；一捧土看似渺小，但可以垒成山峻。成功是从小事做起的，财富也是一点一滴积累起来的。如果企业中的每位员工都能够做到节俭，那么创造的利润就是难以想象的。

第八章

把责任贯彻到底

爱默生说:“一个人,当他全身心地投入到自己的工作之中,并取得成绩时,他将是快乐而放松的。但是,如果情况相反的话,他的生活则平淡无奇,且有可能不得安宁。”我们从事的工作不同,能力和作用不同,但无论是统管全局的领导者还是平凡岗位的工作人员,系于责任就没有小事。我们只有增强责任心,培养责任感,提高责任意识,才能凝聚所有的力量,企业才有动力,才能做大做强。

01　问题到此为止

美国总统杜鲁门上任后，在自己的办公桌上摆了个牌子，上面写着"Problem of stop here"，翻译成中文是"问题到此为止"，也就是说：我们要负起自己的责任来，不要总想着把问题推给别人。一个总统都把责任提高到这样的高度来认识，由此可见，负责是一个人不可缺少的精神。

一般情况下，人们会对那些容易解决的事情负责，而把那些有难度的事情推给别人，这种思维常常会导致我们工作上的失败。

有一个著名的企业家说："职员必须停止把问题推给别人，应该学会运用自己的意志力和责任感，着手处理这些问题，让自己真正承担起自己的责任来。"

一个人能力的提升，主要是在工作实践中获得的，也是靠不断解决问题而积累起丰富的经验。而一个不敢承担责任的人，又怎能承担起重任呢？所以，与其将时间浪费在互相推脱上，不如想办法尽力解决。

克里·乔尼是一位火车后厢的刹车员，因为他聪明、和善，常常面带微笑而受到乘客们的欢迎。

一天晚上，一场暴风雪不期而至，火车晚点了。克里抱怨着，这场暴风雨使他不得不在寒冷的冬夜里加班。就在他考虑用什么样的办法才能逃掉夜间的加班时，另一个车厢里的列车长和工程师却对这场暴风雪警惕了起来。

这时，两个车站间，有一列火车发动机的汽缸盖被风吹掉了，不得不临时停车，而另外一辆快速车不得不拐道，几分钟后要从这一条铁轨上驶来。列车长赶紧跑过来命令他拿着红灯到后面去。克里心里想，后车厢还有一名工程师和助理刹车员在那儿守着，便笑着对列车长说："不用那

么急，后面有人在守着，等我拿上外套就去了。”列车长一脸严肃地说：“一分钟也不能等，那列火车马上就要来了。”

“好的！”克里微笑着说，列车长听完了他的答复后又急匆匆地向前部的发动机房跑去了。

但是，克里没有立刻就走，他认为后车厢里有一位工程师和一名助理刹车员在那替他扛着这件工作，自己又何必冒着严寒和危险，那么快跑到后车厢去。他停下来喝了几口酒，驱了驱寒气，这才吹着口哨，慢悠悠地向后车厢走去。

他刚走到离车厢十来米的地方，才发现工程师和那位助理刹车员根本不在里面，他们已经被列车长调到前面的车厢去处理另一个问题了。他赶紧加快速度向前跑去，但是，一切都晚了，在这可怕的时刻，那辆快速列车的车头，撞到了自己所在的这列火车上，受伤乘客的嘶喊声与蒸汽泄漏的嗞嗞声混杂在了一起。

后来，当人们去找克里时，他已经消失了。第二天，人们在一个谷仓里发现了他。他已经疯了，只是在凭空臆想中叫喊着：“啊，我本应该！……”

他被送回了家，随后又被关进了精神病院。

回避问题并不能使问题得到解决，相反，还可能因拖延而使问题变得严重，所以，只有积极面对，勇于行动才是最终的解决之道。

所以，我们在遇到苦难的时候，一定要记住这句话：让问题到此为止，从而去负起责任来。世界上没有解决不了的困难，只要积极努力地去想办法，任何困难都可以解决。

02　第一次就把事情落实到位

没有落实的责任就是无效责任。无论责任大小，只要没有落实到位，一切都是无效的。在落实过程中，最没有效率、最倒胃口的事情就是一件事情从一开始就没有做好，被推倒重来。

生活中这样的事情比比皆是。例如：往垃圾桶里扔一个棉签，想少走两步，结果没有命中，只好弯腰捡起来再扔，费了第二遍事。

生活中，忙中出错是常有的事儿。每个人一生当中都会犯很多这样的错误，有的是不起眼的小错误，有的是伤筋动骨的大错误，但无论大小错误，我们都为之付出了代价。

从开始就把事情做对、做好、做到位，是一种观念，也是一个良好的习惯。它会节省我们很多的人力、物力、财力，使我们少走很多弯路。在落实工作时，我们第一次哪怕多花点时间、多用些精力，也要力求把事情做到符合要求，坚决避免一切无谓的从头再来。

要提高落实的效率，最重要的方法就是“第一次就把事情做对”。

据说当年飞人迈克尔·乔丹来中国访问中国篮球队时，曾有中国篮球官员问迈克尔·乔丹：“您认为我们的球员怎么样？”乔丹回答：

“你们拥有非常优秀的球员，但他们都只会打篮球，不懂得打篮球的哲学。”

同理，工作也有工作的哲学。第一次就把事情做对，不是一个简单量化的工作标准，而是一个改变所有组织和个人的有效工作哲学和方法。

第一次就把事情落实到位代价最小，收效最大。通过第一次就把事情落实到位，人们就可以达到组织管理的最高境界：建立预防体系，实现无火可救。

有这样一个故事：

一次工程施工中，一位师傅需要一把扳手。他叫身边的小徒弟：“去，

拿一把扳手。”小徒弟飞奔而去。师傅等啊等，过了许久，小徒弟才气喘吁吁地跑回来，拿回一把巨大的扳手说：“扳手拿来了，真是不好找！”

师傅发现这并不是他需要的扳手，便生气地说：“谁让你拿这么大的扳手了！”小徒弟没有说话，显得很委屈。这时师傅才发现，自己叫徒弟拿扳手的时候，并没有告诉他自己需要多大的扳手，也没有告诉他到哪里去找这样的扳手。第二次，师傅明确地告诉徒弟，到某一个库房的某个位置，拿一个多大尺码的扳手。这次，没过多久，小徒弟就拿着他想要的扳手回来了。

在工作中，每个员工第一次就把事情做对，会在很大程度上提高效率。

参观过中国一汽大众的现代化车间的人，都会感叹那里汽车流水线现代化的同时，还发现在车间的醒目位置上，有一排巨幅广告："第一次就把事情做对。"

初看之下，很多人都不理解。怎么这么"现代"的车间里，竟然会有这么"不客观"的广告？这样的广告，不禁让我们思考：第一次就把事情做对，可能性到底多大？

静下心来想一想，一汽大众的广告确实令人折服：

要把事情做对，需要多少次？是四次，还是三次？最好是几次呢？当然是一次！

第一次就把事情做对，是对员工的期待，他时时刻刻提醒员工们，要尽最大的可能，在接手每一件事情时，抱着"一次就做对"的信念。

第一次就把事情做对，是对质量品质的要求，只有第一次就做对，才能尽可能减少废品，保证质量。

第一次就把事情做对，需要员工有扎实的职业技能基础，需要员工对从事的工作有充分的准备。

很多人在工作中都遇到过越忙越乱，解决了旧问题，又产生了新故障的情况，在忙乱中造成的错误，轻则自己手忙脚乱地改错，浪费大量的时间和精力；重则返工检讨，给公司造成经济损失。

第一次没把事情做对，忙着改错，改错时又很容易制造新的错误，恶性循环的死结越缠越紧。在"忙"得心力交瘁的时候，我们是否考虑过这种"忙"的必要性和有效性呢？

"第一次就把事情做对(Do It Right the First Time 简称 DIRFT)"是著名管理学家科罗斯"零缺陷"理论的精髓。"第一次就做对"是最有效的经营之道，也是使企业成功的必由之路。

思想不能代替行动，好的战略如果第一步就没有得到贯彻落实，也仅仅是一个美丽的梦想,一幅美丽的图景。就等于是空想,就是无效;等于没有企业负责人,白白浪费企业有限资源!因此,不管你是企业的一名员工,还是领导者,没有落实责任,等于无效。第一次就把事情做对,把该做的工作做到位,这是解决“忙症”的要诀。

你还忙吗?当然忙!但希望你是忙着创造价值,而不是忙着制造错误或改正错误。在工作完工前想一想出错带给自己和公司的麻烦,想一想出错造成的损失,你就应该能够理解“第一次就把事情做对这句话的分量。

企业中每个人的目标都应是“第一次就把事情做对”,只有第一次就把事情落实到位,企业才能更加欣欣向荣;只有靠落实责任,战略才能隆隆推进,崭新的未来才能扑面而来;只有第一次就把事情落实到位,个人的潜力才能得到无限的开发,才能一步步走向成功。

03 把每件事都做透

不满足于尚可的工作表现,要做得更好,你才能成为不可或缺的人物。卡特总统在得克萨斯州一所学校做演讲时对学生们说:

“比其他事情更重要的是,你们需要知道怎样专注于一件事情并将这件事情做得更好。与其他有能力做这件事的人相比,如果你能做得更好,那么,你就永远不会失业!”

一家著名国际贸易公司高薪招聘业务人员。在众多的应聘者中,有一位年轻人条件相对优秀,不仅毕业于名牌大学,而且又有3年在外贸公司工作的经验。因此,他在面对主考官的时候显得非常自信。

“你原来在外贸公司做什么工作?”主考官问道。

“做花椒贸易。”

“以前花椒的销路非常好，可是最近几年国外客商却不要了，你知道为什么吗？”

“因为花椒质量不好。”

“你知道为什么不好吗？”

年轻人想了想，说道：“一定是农民在采集花椒的时候不够细心！”

主考官看了看他，说：“你错了。我去过花椒产地，采集花椒的最佳时间只有一个月。太早了，花椒还没有成熟；太晚了，花椒在树上就已经爆裂了。花椒采好后，要在太阳下暴晒一整天，如果晒不好，就不能称之为上品。近几年来，许多农民图省事，把采集好的花椒放在热炕上烘干。这样烘出来的花椒虽然从颜色上看起来和晒过的花椒差不多，但是味道就相差很远了。一个好的业务员要重视工作中的各个细节，认真把每一件事都做透。”主考官说。

我们的周围，对工作的每一个环节始终把握不到位、“熟不生巧”的人比比皆是。为什么会出现这种状况呢？一个很重要的原因是，他们不能把工作中的事情做透，总是抱着“差不多”和“想当然”的念头，做起事来敷衍塞责，不调查不研究就凭空下结论。结果，即使是第100次做同一件事，也不会比第一次做得更好。

“不论做什么事，你都应该精通它。”这是真理，但如果你不能把工作中的每一个细节都做透，那么真理对你来说也是一句空话。

泰国的东方饭店堪称亚洲饭店之最，几乎天天客满。要想入住必须提前一个月预订，而且客人大都来自西方发达国家。东方饭店的经营如此成功，是他们有什么特别的优势吗？不是。是他们有新鲜独到的招数吗？也不是。那么，他们究竟是靠什么获得如此骄人的业绩呢？要找到答案，我们不妨先来看看一位姓王的老板入住东方饭店的经历。

王老板因生意原因经常去泰国，第一次下榻东方饭店就感觉很不错，第二次再入住时，楼层服务生恭敬地问道：“王先生是要用早餐吗？”王老板很奇怪,反问道:“你怎么知道我姓王?”服务生说:“我们饭店规定,晚上要背熟所有客人的姓名。”这令王老板大吃一惊,虽然他住过世界各地无数高档的酒店,但这种情况还是第一次碰到。

王老板走进餐厅,服务小姐微笑着问:“王先生还要老位子吗?”王老板的惊讶再次升级,心想尽管不是第一次在这里吃饭,但最近的一次也有一年多了,难道这里的服务小姐记忆力那么好?看到他惊讶的样子,服务小姐主动解释说:“我刚刚查过电脑记录,您在去年的 6 月 8 日在靠近第二个窗口的位子上用过早餐。”王老板听后兴奋地说:“老位子!老位子!”小姐接着问:“老菜单,一个三明治,一杯咖啡,一个鸡蛋?”王老板已不再惊讶了,“老菜单,就要老菜单!”上餐时餐厅赠送了王老板一碟小菜,由于这种小菜他是第一次看到,就问:“这是什么?”服务生后退两步说:“这是我们特有的某某小菜。”服务生为什么要先后退两步呢,他是怕自己说话时口水不小心落在客人的食品上。可以说这种高标准的服务不要说在一般的饭店,就是在美国顶尖的饭店里王老板都没有见过。

后来,王老板有很长一段时间都没有再到泰国去。但在他生日的时候却意外收到了一封东方饭店发来的生日贺卡，并附了一封信。信上说东方饭店的全体员工十分想念他，希望能再次见到他。王老板当时激动得热泪盈眶，他发誓再到泰国去，一定还住在"东方"，并且推荐自己的朋友像他一样选择"东方"。

其实，东方饭店在经营上并没什么新招、高招、怪招，他们采取的都是惯用的传统办法，向顾客提供人性化的优质服务。只不过，在别人仅局限于达到规定的服务水准就停滞不前时，他们却进一步挖掘，抓住许多别人并不在意的小细节，坚持不懈地把最优质的服务延伸到方方面面，落实到点点滴滴，不遗余力地推向极致。由此，便轻而易举地赢得了顾客的心，天天爆满也就不奇怪了。

积极进取、充满热爱、全力以赴，当我们死心塌地地热爱我们所做的工作时，才能让自己每天在工作中全力以赴，从中学到更多的知识，找到更多的乐趣，获得最大的成就感，实现自己的人生价值。

04　不断质疑和改进自己的工作

在这个竞争激烈的商业社会里，公司和个人都面临着巨大压力，只有每一个员工对工作持有认真负责态度，不断质疑和改进自己的工作，才能帮助公司完善体系，使公司适应市场变化，推动公司向前发展。

质疑自己的工作是完善自己工作的前提。在通用汽车公司的一次项目会议中，总经理让他的下属们针对自己的工作谈一些看法，有一个部门经理站起来慷慨陈词："我现在对自己所从事的这项工作产生了一些怀疑。在这两年之中，在首席执行官的指导下，每个部门都接到了上百个项目，有许多项目都投入了大量人力资源和资金，但往往进行到中途却不了了之，这样下去，会毁了公司的。我们难道不能抓一些大一点的项目？或

者我们能不能为每一个部门分配一些既不浪费人力资源和资金，又能迅捷见到效益的项目？这些项目不必太多，只要能见到效益，又不会浪费我们的时间和精力，就会对我们的发展有莫大的好处。”

这位经理的一番话，震动了总经理和在座的各位部门经理，他们都为这位经理勇于负责的工作精神所感动。整个下午，大家都放弃了原先开会的议题，针对这位经理所提出的问题进行了分组讨论，重新制定战略目标。经过重新调整战略规划后，公司节省了许多开支，也加快了发展的步伐。

作为一名企业的员工，敢于质疑自己的工作，才会在工作中不断培养出自己的创新能力，并取得骄人的业绩。

杰奎琳是一家电子公司研发部的职员。她在工作之中，经常认真寻找一些组织管理中的漏洞和失误，并从中找出一些具有挑战性的问题。尽管她的这种做法常常令上司和同事头痛，但是她这种负责精神却为公司减免了许多不必要的损失。

有一次，公司高层制定了一个战略规划，准备研发一种新型的胶印机械。这个方案已经全部做好，款项也陆续到位了。但是，杰奎琳在工作刚刚开始时，便对所要开发的这个产品产生了怀疑。她认为，从自己所了解的情况看，这个项目在操作上过于仓促，再加上高管层在制订这个项目计划时，并没有对所研发的产品进行详细的论证，这可能会导致产品刚开发出不久，就被市场淘汰。因此，她详细地把自己对这个产品的怀疑之处写出来，并提出了许多建议，交给了上司。由于她的见解深刻，公司高层重新召开了研讨会，对市场状况和这个项目重新进行论证，又经过专家的审查鉴定，这个项目最后被放弃了。而杰奎琳的行为也深深地感动了公司的管理层。

很多人都满足于自己的工作状况，习惯于按照上司的安排埋首工作，不想学习，也不对自己的工作进行详细的思考，认为自己按照上司的指令，尽职尽责地努力工作了，纵然出现了失误和漏洞，也不关自己的事。其实，这是一种不负责任的行为，时间长了，这种行为将会让自己的头脑中充满惰性，从而失去创造的活力和新颖的思想。

很多人认为，要想保住自己的一切，就要按照熟悉的一切工作，不要打破工作的秩序，也不可轻易尝试新的方法，更不要承接那些自己从来没有做过的事情，否则，就有可能撞得头破血流。循规蹈矩的人用大家习惯的做法处理自己的工作，一般不会犯大的错误。但仅做到不犯错误，是不能成为一名优秀员工的。

美国鞋业大王罗宾·维勒说："一个好的建议，能给企业带来巨大的效益，同时也能给自己带来更多的发展机会。"的确，没有什么比为公司着想的建议更令老板欣赏的了。那些为了避免出错而保持沉默的员工是最令老板感到不满的人，因此，适当地提出一些大胆的建议，这说明了你尽了作为公司一员的责任，对公司充满了爱心，这样你自然能得到老板的信任。

05 认真，追求工作的最高品质

认真,是一种做事的态度。从小到大,我们无数次地被长辈告诫,凡事要认真。古今中外,无论大事小事,要成就一番事业,必须要有一种特别认真的态度。

国家如此,企业也是一样。一名优秀的员工无疑应具备必要的业务能力,但只有具备强烈的责任感的人,才能以认真的态度做好工作,才能以主人翁的精神关注企业的发展,才能在实践中增长才干并为企业肩负责任。海尔集团能够发展壮大,是因为它对产品认真负责的态度几近极致。新世纪劳模许振超,用几年的时间十分认真地弄清了极其复杂的线路板结构,成功地为国家节约了大量的资金。

在当今经济发展的社会,急功近利者比比皆是,假冒伪劣充斥市场,自己辛苦创造出来的名牌,又在自己以后的投机心理支配下毁掉了。我们有名牌产品,但太少了。世界上一百个知名品牌,中国仅有海尔一个。现在不少的企业拥有一流的设备,却出不了一流的产品,关键是没有认真负责的态度。

毛泽东同志说过:“世界上怕就怕认真二字,共产党就是最讲认真。”认真可以成就我们的事业,认真是世界上所有成功民族必不可少的基本素质。不认真,投机钻营,只会带来国家的衰弱、企业的倒闭、官吏的腐败。我们要实现成功,就一定要有认真的态度,认真做事,彻底抛弃投机敷衍的心理。认真、认真、再认真。

看过一本书,说日本人是这样煮鸡蛋的:用一个长宽高各4厘米的特制容器,放进鸡蛋,加水50毫升左右,盖上盖,打开火,1分钟左右水开,再过3分钟关火,利用余热再煮3分钟,鸡蛋熟了。日本人就是凭着这股

认真劲儿，创造了世界经济史上的奇迹。一位中学校长在学校认真开展紧急疏散的预案演习，结果在“5 · 12”大地震中全校无一人伤亡，由此可见认真的魅力。

认真更重要的是一种能力，能够善始善终的把一件事情干好，而且始终如一地保持一种旺盛的热情和参与意识，把事情认真进行到底，这是一种了不起的能力。不管是谁，不管干什么事情，只有具备这种能力，才能把认真的态度最终转化成一种预期的成果，把事情做好。

工作的平凡与伟大不在于工作本身，而在于对待工作的态度。认真负责，就是追求工作的最高品质。一个人只要对工作认真负责，即使是在微不足道的岗位上，也会做出令人侧目的业绩。

06 将责任心融入你的工作标准

伊利集团总裁潘刚说：“责任也是一种能力。”事实确实如此，责任能够让一个人具有最佳的工作状态，全身心忘我地投入工作，将工作真真正正落到实处。没有责任心的员工不是一个优秀的员工,没有责任心的公民也不是好公民。

事实上,那些在事业上卓有成效的人无不用高度的责任心和近乎完美的标准来对待自己的工作,努力将工作做到尽善尽美。与其说是努力和天分造就了他们的成功,倒不如说是强烈的责任心促使他们成功。

许海峰是中国奥运史上一个标志性的符号,人们总是把他与“零的突破”联系在一起。1984 年,许海峰在洛杉矶奥运会上为中国赢得了第一枚奥运金牌。

这是许海峰一生的荣耀,同时,也是他一生背负的一个重担。“每年都有媒体采访,说的都是同样的话题。”喜欢挑战的许海峰把 1984 年夏天的那个瞬间一再地向媒体回忆,使得同一个话题重复了 30 多年。

事实上许海峰更愿意谈谈他的现在,他的人生感受。毕竟,他是一个总是在向前的人。“做事就要做到最好。”这是许海峰说的给人印象最深的一句话。

许海峰的职业生涯可以用运动员——教练员——领导者三部曲来概

括。当许海峰告别运动场，当上教练、总教练，带着中国射击队拿回一个又一个冠军时，媒体对他的评价由“金牌运动员”改为“金牌教练”。当他依依惜别射击队，踏上一个完全陌生的工作岗位时，人们怀疑他还能否有新的作为。上任后分管现代五项运动一年的时间，许海峰就带队获得了该项运动的世锦赛金牌——这是自这个比赛项目举行以来唯一一个欧洲以外的参赛队伍拿到的金牌。

“要做就要做得尽善尽美”体现的是一种高度的自驱力，一种找准目标永不放弃的执着精神，一种知道自己该干什么、怎样干的负责精神。许海峰用行动对“要做就做得尽善尽美”这句话做了最好的注解。

英国著名艺术评论家罗斯金说：“来到这个世界上，做任何事都要全力以赴。”

对待工作，是充满责任心，尽自己最大的努力去完成任务，还是敷衍了事，这在很大程度上成为决定成败的关键，所以我们必须让责任心成为我们脑海中的一种意识，深入到工作中的一点一滴，并坚持下去。

马丁·路德·金曾经说过：“哪怕你是一个注定要扫大街的清洁工，也要对自己的工作全力以赴，就如同米开朗琪罗作画、贝多芬作曲、莎士比亚创作戏剧那样投入地工作。倾注全力取得成就，让每个人都为你驻足赞美，称你是一名杰出的清洁工。”

不论你的工作报酬是高还是低，都应该保持这种良好的工作态度。每个人都应该把自己看成是一名杰出的艺术家，而不是一个平庸的工匠，应该带着热情和信心去工作，在工作中享受由专注、创新所带来的快乐。

2005 年“感动中国”十大人物之一的湖南怀化学院学生洪战辉说：“我要对我自己负责任，对我的生命负责任，当然也要对我的家庭负责任，对整个社会负责任。”

在武汉市鄱阳街有一栋六层的红色大楼——景阳大楼。当时是一家英国设计所设计的，建于 1917 年。在 20 世纪末，一位设计师给企业写来一封信：此楼乃我所设计，当时设计该楼的服务年限为 80 年，现在已到期,敬请注意该楼的安全问题。

先别说设计所的变更,就连当时施工的工人现在存活的可能有没有还不知道。而当时的设计所却经过 80 个春秋还惦记着楼房的安全。这位设计师身上所体现的责任感,实在值得我们每一个人学习。他用事实告诉我们:责任能创造一切,责任能保证一切。

当老板赋予你一项重任时,一定要做出超越老板期待的业绩,千万不要满足于得过且过的表现,要做就做到尽善尽美。在追求进步方面,不要做到适可而止,一定要做到永不懈怠。

每个人要承担起自己应尽的责任,把单位当成自己的家,对单位作出贡献,具有积极向上,不折不挠,拼搏进取,吃苦耐劳,勤奋好学的精神。只要我们将责任心融入自己的工作标准,便会在辛苦的付出中收获快乐,并能赢得人们的尊重,进而受到企业重用,从而实现个人的价值。

07 认错是改正的一半

人非圣贤,孰能无过。美国前总统西奥多·罗斯福说过,如果他所决定的事情有 75% 的正确率,便是他预期的最高标准了。罗斯福无疑是 20 世纪的一位杰出人物了,他的最高希望也不过如此,何况你我呢。

作为企业的员工,在工作中难免会犯一些错误。面对错误,大多数人虽然知道自己错了,但不是没有勇气承认,就是找很多的理由为自己开脱。只有极少数人能够站出来,勇敢地向老板坦白:“这件事没成功,是我的错……”在前者看来,承认错误意味着老板的责罚;沉默和“合理的托词”意味着逃脱责任,推卸责任。但是我们要明确这点,承认错误是勇于担责任的开始。

布鲁士是美国某公司的财务人员。一天,他在造工资表时,给一个请病假的员工定了全薪,忘了扣除请假那几天的工资。于是布鲁士找到这名员工,告诉他下个月要把多给的钱扣除。但是这名员工说自己手头正紧,请求分期扣除,但如果要这样做的话,布鲁士就必须得请示老板。

布鲁士知道,老板知道这件事后一定会很生气的,但布鲁士认为这种混乱的局面都是因自己造成的,自己必须负起这个责任,去老板那里认错。

当布鲁士走进老板的办公室,告诉他自己犯的错误后,没想到老板竟然大发脾气地说:这是人事部门的错误!但布鲁士再度强调这是他的错误。老板又大声指责这是会计部门的疏忽,当布鲁士再次认错时,老板看着布鲁士说:“好样的,我这样说,就是看看你承认错误的决心有多大。好了,现在你去把这个问题解决掉吧。”问题就这样解决了。从那以后,老板更加器重布鲁士了。

当遭受失败的时候,不要把责任推给别人,而要从失败中检讨自己,把失败的原因找出来,吸取经验教训,不断修正自己,在以后才可能少走弯路,走向成功。

美国前总统肯尼迪在就职演说中说:“不要问美国给了你们什么,要问你们为美国做了什么。”这句关于责任的经典话语激励了一代又一代美国青年。

自己的过错要自己承担,这是每个人的责任和义务。如果还存有侥幸心理,我们也许就会面临着更大的困难,因为你的错误,由于自己没有积极地去承认,导致了时间的浪费,进而影响到公司的利益,那么你面临走人的可能性也比较大。所以一定要在犯了错误之后及时坦白,显示出自己的决心和勇气。

列宁说过:“认错是改正的一半。”那么另一半是什么呢?另一半就是采取一切可能措施去弥补自己的过错,这不仅可以将你为错误付出的代价最小化,还可以让老板更进一步了解你的能力和潜在价值。

达尼尔是一家商场新招聘的笔记本电脑销售员。尽管达尼尔的业务还不是很熟练,但他认真热情的工作态度,赢得了大家的一致好评。

一天，达尼尔在销售笔记本电脑时，一时大意，把一台价值2万元的笔记本电脑，以1万元的价格卖给了一位顾客。发现后达尼尔非常着急，不知该怎么办。有同事帮达尼尔出谋划策，告诉他，他完全可以向那位顾客追回1万元；如果不希望因为追款引起太多的事，他还可以自己筹齐1万元悄悄地入账，这样，就可以神不知鬼不觉地了结这件事。可是达尼尔觉得都不妥。他决定到经理那里去承认错误。同事听后大吃一惊："你疯了，达尼尔。那样你肯定会被辞退的！"但达尼尔仍然坚持自己的决定。

在下班之前，达尼尔手拿一个信封来到经理的办公室。"对不起，经理，今天我犯了一个很严重的错误，让公司遭受1万元的的损失。我为我的错误感到羞耻。这1万元是我这几年的存款，请您收下，希望能弥补公司的损失。如果您要因此开除我，我不会有任何怨言的。"

经理听后问达尼尔："你真的打算用自己的钱填补上那1万元的亏空？"

"是的，经理。"达尼尔说，"虽然我可以按照顾客留下的联系方式，找到他让他付这笔钱。但为什么要去找他呢？是我把两种笔记本电脑的价格弄错了，这完全是我的错，我对这个失误应该负有全部的责任。而且，如果我去找顾客要回这笔钱也会影响商场的声誉。"

达尼尔勇于认错，并敢于负责的举动深深感动了经理。他没有像其他人所想的那样开除达尼尔，而是给了达尼尔更大的发展空间。达尼尔因此获得的远比1万元多得多。

现实社会中，有很多年轻人好高骛远，不能踏踏实实地工作，工作中出现一些小问题也不愿深究，听之任之。他们的论点是：如果我所犯的错误性质十分严重，我一定会承认的。如果是芝麻大的一点小错，也那么认真地计较，难免有点小题大做，根本没有这个必要。如果你也是这样看待错误的，那就大错特错了。

工作无小事，更无小错，1%的错误往往就会带来100%的失败。美国在一次探月行动中，飞船已经到达月球，但却无法着陆，最终以失败告终。事后,科学家们在查找原因时发现,原来是因为一节价值 30 美元的电池出了问题。起飞前,工程人员在做检查工作时只重点检查了"关键部位"而把它给忽略了。结果,一节 30 美元的电池让几十亿美元的投资和科学家们的全部心血付之东流。

关注小错误是每一个成功者必备的素质。如果你仔细观察就会发现,成功者从来不会因为错误小就忽视它,而是会认真对待。

史蒂芬是个 20 多岁的美国小伙,几年前他在一家裁缝店学成出师,到堪萨斯州的一个城市开了一家自己的裁缝店。由于他做活认真,且价格又便宜,很快就声名远扬,许多人慕名而来找他做衣服。有一天,哈里斯太太让史蒂芬为她做一套晚礼服,等史蒂芬做完的时候,发现袖子比哈里斯太太要求的长了半寸。但哈里斯太太马上就要来取这套晚礼服,史蒂芬已经来不及修改衣服了。

没多久,哈里斯太太便来到了史蒂芬的店中。她穿上了晚礼服在镜子跟前照来照去,不住地称赞史蒂芬的手艺,当她按说好的价格付钱给史蒂芬的时候,却被史蒂芬拒绝了,哈里斯太太非常纳闷。史蒂芬解释说:"太太,我不能收您的钱。因为我把晚礼服的袖子做长了半寸。为此我很抱歉。如果您能再给我一点时间,我非常愿意把它修改到您需要的尺寸。"

听了史蒂芬的话后,哈里斯太太一再表示她对晚礼服很满意,她不介意那半寸。但不管哈里斯太太怎么说,史蒂芬都不肯收她的钱,最后哈里斯太太只好让步。

在去参加晚会的路上,哈里斯太太对丈夫说:"史蒂芬以后一定会出名的,他勇于承认错误、承担责任以及一丝不苟的工作态度让我震惊。"

哈里斯太太的话一点也没错。后来,史蒂芬果然成了一位世界闻名的高级服装设计大师。

在一般人看来,只要哈里斯太太不提出意见,史蒂芬完全没有必要承认错误。但史蒂芬不仅承认了错误,而且主动承担了自己的责任。一名能够对自己工作结果负责的员工,必定会赢得客户,同时赢得老板的信任。

08　拿出200%的努力

谁也无法否认,迈克尔·乔丹是一位伟大的篮球运动员,他不仅用出色的能力为自己赢得了"飞人"的美誉,还缔造了伟大的公牛王朝。但在率领公牛队获得两次三连冠后,他毅然决定退出篮坛,这不仅是年龄的原因,还因为他已经得到了世界篮球运动史上最多的个人荣誉与团队荣誉,他甚至被认为是20世纪世界体坛最伟大的运动员。

退役之后,乔丹向我们道出了成功的秘诀,他说:"我成功了!因为我比任何人都努力。"

其实,在成功的背后,乔丹所做的不只是比任何人都努力,当他达到顶峰的时候,他仍然在继续努力,突破自己的极限。

在公牛队的时候,他的练球时间比任何人都长。据说他除了睡觉时间,每天只休息两个小时,其余全部时间都投入到训练之中。

正是因为付出了常人无法做到的努力,乔丹最后才获得了常人无法取得的成就。

有的人成功了，那是因为他付出了比别人更多的努力；而有的人永远只是站在安全的避风港，不用承受太多的挫折，同样也永远不会看到成功的光环。而对于一个职场中的人来说，如果不努力，就不可能从工作中获得任何东西。对自己的工作心不在焉、不求进取的人必将被淘汰。所以说，无论做什么事情，都要拿出200%的努力，这才是我们唯一的出路。

曾任微软（中国）有限公司总裁的唐骏，最初是以工程师的身份加入微软的。当时，微软正在开发Windows，做的是英文版，然后再由一个300多人的大团队开发成其他语言版本，但这是一项艰巨的工程，因为这个过程并不只是翻译菜单那么简单。以中文版为例，许多源代码都得重新改写。需要50个人努力不懈地修改大半年，才能改写出完善的中文版。所以最开始的时候，Windows英文版上市9个月后，中文版才能上市；到了Windows3.1，中文版更是滞后了一年多。刚进微软几个月的唐骏觉得这种办法很愚蠢。能不能把这个方法改一下呢？下了班，唐骏开动脑筋想办法……

半年后，他拿出了几万行代码的东西，反复运行，证明他的程序经得起检验后，才找老板面谈。微软公司经过3个月时间的论证，最终认为他的方法是可行的。于是，原先的300人大团队一下缩减到了50人！由他带领重新对微软操作系统进行全方位的改变，最终他从一个工程师成为一个部门经理。进入微软一年半以后，唐骏在职位和薪水上都得到了提升，并在认股权上得到回报。

“虽然是做程序员，但是不能只把自己当成程序员，你还可以为你的老板和公司着想。但并不是找到问题就万事大吉，任何公司从来不缺挑刺儿的人。因为你看到的问题，可能已有不少人早就抱怨过了！所以你与其就这么跑去找老板反而于事无补，还不如调查研究后，带着解决方案去找老板，这才是上策。只有指出核心问题又能拿出有效解决方案的员工，才会得到老板的重视和信任。”

如果你想要高职位、高薪水；如果你想要体面的生活、别人的尊敬；如果你想使你的家人、你的爱人幸福……只要你肯努力，一切都是可以实现的。那些不愿意付出的人，必然一无所获，因为天下没有免费的午餐，不劳就没有得，幸福是不会从天而降的。

努力工作，不只是在自己的工作时间内要保持良好的工作状态，更要乐意多做一点额外的工作。而事实上，差别也正产生于这一点点额外的工作，你的竞争力也取决于你是否愿意比别人“多做一点”。只把交付下来的工作做完就算了的人，是很少有大成就的。

波士顿顾问公司总经理比尔之所以由一个助理迅速升上来，便是因为他乐意多做一些额外的工作。他最初是在一个懒惰的部门主管手下做事。因为比尔比较勤快，所以这位主管经常会把手中的事推给他来做。有一次，主管叫比尔替自己编写总裁阿穆尔先生要求的公司月度业绩报告。

比尔不像一般人那样随意简单地罗列出几张纸，而是将资料分门别类编成一本小小的书，并与以往的业绩作了比较，打印后仔细装订好。完成之后，主管去交给米勒先生。

“这不是你做的吧？”米勒先生问。

“不是……是比尔……”那主管心虚地回答。

“你叫他到我这里来。”

比尔到办公室来了，米勒说：“小伙子，你为什么要做成这样呢？”

“我想这样您用起来方便些。”

不久，比尔就得到了第一次提升；一段时间以后，他便替代了以前那个主管。

其实，无论做什么工作都必须敬业、专心和努力，它是决定你成功或失败的基石。正如爬山，你只有认真耐心地去攀登，等你付出相当的辛劳努力之后，站在高处向下望，你才会看见自己已经克服了那么多困难、走过了那么多险路。就是这些一次次的小成功，慢慢才会积累成大的、更接近理想目标的成功。